北京市科学技术协会
科普创作出版资金资助

身体的心机

从昆虫到人类，读懂万物进化的逻辑

〔日〕本川达雄◎著

毛德胜◎译

北京科学技术出版社

UNI WA SUGOI BATTA MO SUGOI - DESIGN NO SEIBUTSUGAKU
BY Tatsuo MOTOKAWA
Copyright © 2017 Tatsuo MOTOKAWA
Original Japanese edition published by CHUOKORON-SHINSHA, INC.
All rights reserved.
Chinese (in Simplified character only) translation copyright © 2024 by Beijing Science and
Technology Publishing Co., Ltd.
Chinese (in Simplified character only) translation rights arranged with
CHUOKORON-SHINSHA, INC. through BARDON CHINESE CREATIVE AGENCY
LIMITED, HONG KONG.

著作权合同登记号　图字：01-2023-1951

图书在版编目（CIP）数据

身体的心机：从昆虫到人类，读懂万物进化的逻辑 / （日）本川达雄著；毛德胜
译 . 一北京：北京科学技术出版社，2024.4
ISBN 978-7-5714-3316-1

Ⅰ . ①身… Ⅱ . ①本… ②毛… Ⅲ . ①生物学－普及读物 Ⅳ . ① Q-49

中国国家版本馆 CIP 数据核字 (2023) 第 209457 号

策划编辑：岳敏琛	电　　话：0086-10-66135495（总编室）
责任编辑：付改兰	0086-10-66113227（发行部）
责任校对：贾　荣	网　　址：www.bkydw.cn
封面设计：桑　聪	印　　刷：北京捷迅佳彩印刷有限公司
责任印制：张　宇	开　　本：880 mm×1230 mm　1/32
出 版 人：曾庆宇	字　　数：174千字
出版发行：北京科学技术出版社	印　　张：7
社　　址：北京西直门南大街16号	版　　次：2024年4月第1版
邮政编码：100035	印　　次：2024年4月第1次印刷
ISBN 978-7-5714-3316-1	

定　　价：79.00元

序　握住自然之手

　　这本书最先吸引我的是它的书名——《身体的心机》，这是一个非常有趣的名字。"心机"常与人类联系在一起，如果某人为了某个目的进行了一系列谋算，我们就会说这个人有心机。但这本书的主角是人类之外的动物，这些动物有心机吗？要知道，自然界中很多动物甚至连心脏和大脑都没有，但是本书却告诉我们，它们的确颇有"心机"！在本书中，作者通过生动的语言和恰到好处的插图，让我们了解到，这些动物紧紧握住了自然之手，它们各显神通，为了生存或者繁衍费尽"心机"。它们奇妙的身体表明它们有适应自然的智慧。

　　在教学工作中，为了让学生更好地理解动物的身体如何适应自然环境及其变化，我根据动物比较解剖学原理总结了动物身体构造的 8 个方面，包括细胞数量、胚层、体腔、肌肉神经、分节、体制对称、消化道开口、口索和脊索，这 8 个方面涉及动物从产生到发展、演化的规律。因此，看到这本书时，我拍案称奇，惊奇于作者对动物身体构造的研究和理解到了如此高的境界。书中很多内容和我的讲解不谋而合。

　　"心机"对应的是这些动物的行为，是它们求生的手段。动物为了生存，都使用了哪些手段呢？我们从书中可以看到，作者从现存的 34 个动物门中选择了 5 类动物，分别介绍了它们的"心机"。

弱小的珊瑚虫为了安全，会分泌石灰质，给自己建造结实、可靠的家；为了能吃饱，在自己身体里搞起了"养殖"，"种"上了虫黄藻；身体柔软没有坚利的武器，就用毒（刺细胞分泌的毒素），甚至还搞出了一套"感应加弹射的装置"。和珊瑚虫同样弱小的昆虫为了能够飞行，对自己的身体"硬件"都做了哪些改进呢？你知道跳蚤为什么能跳得那么高吗？它们身体里是不是藏了一根"橡皮筋"？乌贼如何利用"喷气式发动机"快速逃跑？海星为什么会像扫地机器人一样移动？……如果你想了解这一切，就请打开这本书吧！

　　作为一名海洋生物学科研工作者，在学习和工作的过程中，我既对人类取得的成就赞叹不已，又因人类在自然面前的渺小而陷入沉思。与很多动物相比，我们人类的身体简直太弱了，我们的皮肤比昆虫的脆弱，骨头不如丹顶鹤的硬，眼睛没有鹰隼的锐利，鼻子不如猫狗的灵敏；我们跳不过蝗虫，跑不过老鼠……在身体机能方面，我们简直一无是处！但是，人类有灵性，思想是我们最强大的武器。我们不断地向动物学习各种技能，弥补身体的不足，以便更好地适应环境：向鸟儿学习飞翔，向鱼儿学习游泳，向变色龙学习拟态，向蝙蝠学习定位，向水母学习预测风暴……任何能存活至今的动物都有其生存智慧，我们需要做的是探索自然并对自然心怀敬畏。只要我们不断发现和学习动物的"心机"，理顺它们与自然的关系，我们的世界就会从纷繁、混沌变得清晰、有条理，我们的生活会变得丰富、便捷、有趣，我们会走得更远。

　　因为不懂日文，所以我无法体会原作的妙处，但从译文深入浅出、简洁生动的语言中，我可以窥见作者扎实的专业基础和高深的学术造诣。虽然这是一本专业著作，但巧妙的对比和比喻、直观的插图使本书完全可以作为科普书来推广，从而让大众了解自然界中动物的"心机"。作者笔下的动物形象是如此鲜活，它们为生存使出了浑身解数，费尽了"心机"。作者将系统的生物学知识打散、重组，将晦涩的术语转换为通俗易懂的文字，从动物的身体结构、形态、生活习性中发现了它们为适应自然环境及其变化所采取的手段，也就是"心机"。书中常以人体或者我们生活中的常见之物进行类比，让读者更容易理解。作者就像一位耐心、细致的提线木偶制作者和表演者，他先将木偶的各个部件拼好，精心计算线长，确保木偶动作流畅、准确，然后用线将所有部件连接好，最后为我们献上了一场精彩纷呈的木偶戏。

自然孕育万物，万物表达自然，这其中蕴藏着复杂的逻辑和"心机"。这就是科学。

中国科学院海洋研究所研究员、博士生导师
李新正

前　言

　　本书将带你进入神奇的动物世界。提起动物，你最先想到的可能是脊椎动物（我们人类就是脊椎动物），但本书主要介绍无脊椎动物。现在，人们已经发现了约 150 万种动物，其中脊椎动物大约有 5 万种，占比不到 5%。本书将带你了解无脊椎动物的世界，并对脊椎动物和无脊椎动物进行简单的对比。

　　动物种类繁多，科学家依据动物的身体结构，将它们大致划分成 34 个门（门是将动物进行分类的最大的单位）。例如，贝类属于软体动物门，海星属于棘皮动物门，脊椎动物则属于脊索动物门。

　　当然，本书不可能涵盖全部 34 个门，而仅仅涉及其中的 5 个门——刺胞动物门、节肢动物门、软体动物门、棘皮动物门和脊索动物门。除节肢动物外，本书介绍的另外 4 类动物都曾是我的研究对象，在撰写本书时，我投入了很多的情感。此外，以节肢动物为研究对象的学生也为我提供了很大的帮助。

　　每种动物的身体结构都是独一无二的。动物的身体结构可以反映其生存环境、生活方式以及进化史等。正是独特的身体结构使动物能够繁衍生息、发展壮大，这一点我在做实验时深有体会。因此，本书将以动物的身体结构为中心，将动物独特、多彩的世界呈现给大家。

目　录

第一章

刺胞动物门：造礁珊瑚的共生世界

我想先从珊瑚[①]说起。我年轻时曾在日本冲绳从事海洋生物研究工作，因此对珊瑚情有独钟。

一些珊瑚体内有大量的共生藻。它们是如何与藻类共同创造出绚丽多彩的珊瑚礁的呢？答案的关键词是"共生"和"循环利用"。它们也是人与自然和平共处的关键。

现在，经常与珊瑚礁一同被提及的还有"生物多样性水平降低"和"全球气候变暖"。珊瑚礁与热带雨林一样，曾经具有极高的生物多样性水平，但二者的生物多样性水平都在快速降低。珊瑚礁生物多样性水平降低的原因之一就是全球气候变暖。无论是生物多样性水平降低还是全球气候变暖，都是我们应该尽早解决的问题。因此，我特地在本书的开篇介绍珊瑚和珊瑚礁。

---

① 珊瑚指由珊瑚虫的分泌物所构成的外骨骼，但考虑到人们的习惯性说法，本书也将"珊瑚虫"称为"珊瑚"。——编者注

刺胞动物门

刺胞动物门分为 4 纲[①]31 目。刺胞动物（刺胞动物门动物的统称），主要生活在海洋中，极少数生活在淡水中。

1. 珊瑚虫纲（包括海葵、珊瑚等）

2. 钵水母纲（包括钵水母等）

3. 水螅虫纲（包括水螅、僧帽水母等）

4. 立方水母纲（包括波布水母等）

能形成珊瑚礁的珊瑚就是造礁珊瑚。造礁珊瑚与水母、水螅、海葵一样，都属于刺胞动物门（请参阅下面的专栏）。在刺胞动物中，珊瑚与海葵同属珊瑚虫纲，亲缘关系较近。海葵和珊瑚的基本单元被称作水螅体（图 1-1），且二者的水螅体外形极为相似：整体呈椭圆形，下部固定在岩石等的上面，上部有口，口周围生长着数根纤细的、可伸缩的触手。触手伸展时，水螅体看起来就像盛开的花。

珊瑚在生物分类学中的位置

我先简单介绍一下生物分类学的基本知识。卡尔·冯·林奈（1707—1778）被称为"生物分类学之父"。他以形态相似程度为标准对生物进行了分类，即把形态非常相似的生物归为同种。种是分类的基本单位。林奈还根据形态相似的程度来判断不同物种之间的关系，从而将生物划分为若干类群。

---

① 在国内，刺胞动物门一般分为 3 纲：珊瑚虫纲、钵水母纲、水螅虫纲。现在也有将立方水母目从钵水母纲中分出，列为立方水母纲（Cubozoa）的分类体系。本书的分类体系在国内也得到认可。——译者注

图 1-1　珊瑚水螅体

右侧为珊瑚水螅体的纵剖面图，从中我们可以看到珊瑚水螅体的胃腔。水螅体有石灰质外骨骼（也叫珊瑚杯），外骨骼上有孔。水螅体在把食物吞进胃腔的同时，也会把海水吸入胃腔，于是，水螅体会膨胀起来。当水螅体把海水吐出来后，其布袋状的身体就会收缩，水螅体就可以躲在珊瑚杯里了。

　　在现代生物学中，林奈这种分类方法沿用了下来。但是，与林奈通过肉眼观察生物的外形来进行分类不同，现代生物学研究者通过比较生物间蛋白质的组成以及 DNA 与 RNA 碱基对的组成与排序来对生物进行分类。此外，也有研究者认为，只要能够"通过交配来产生后代"的生物就是同种生物。

　　以鼻形鹿角珊瑚为例，我们来看看它在生物分类学中的位置吧！鼻形鹿角珊瑚是动物界刺胞动物门珊瑚虫纲六放珊瑚亚纲石珊瑚目鹿角珊瑚科鹿角珊瑚属的一个种。从种到属，再到科……根据生物之间相同、相异的程度将生物逐级分类就形成了分类阶元（又称分类等级）。

　　鼻形鹿角珊瑚与强壮鹿角珊瑚在形态上非常相似，它们都属于鹿角珊瑚属。疣突蔷薇珊瑚在形态上与鼻形鹿角珊瑚、强壮鹿角珊瑚相似，但它与鹿角珊瑚属物种的相似度没那么高，所以它被归在了蔷薇珊瑚属。但是，因为鹿角珊瑚属的珊瑚和蔷薇珊瑚属的珊瑚在形态上也存在一定的相似度，所以这两个属的珊瑚都被归在了鹿角珊瑚科。按照这个规律，鹿角珊瑚科、蜂巢珊瑚科和滨珊瑚科被归在了石珊瑚目。造礁珊瑚就属于石珊瑚目。石珊瑚目与海葵目被划分在六放珊瑚亚纲中。因此，珊瑚与海葵存在近缘关系是有道理的。六放珊瑚亚纲与八放珊瑚亚纲组成了珊瑚虫纲，而比珊瑚虫纲更大的类群就是刺胞动物门了。

刺细胞

刺胞动物都有刺细胞。刺细胞中有刺丝囊（图 1-2），刺丝囊是刺胞动物的武器，呈胶囊状，长度只有 0.02 ~ 0.05 毫米，其中盘绕着刺丝管。

刺丝管就像绑着微型鱼叉，它不仅可以用于捕获猎物，也可以用于防御天敌。刺丝囊的上部有盖板，刺丝囊被猎物触发后，盖板就会打开，刺丝管就会被发射出去。刺丝管是中空的细管，它通过刺丝囊的内外翻转发射出去，刺向猎物。刺丝管刺到猎物后，刺丝囊内的毒液就会通过刺丝管注射到猎物体内。毒液有麻痹猎物神经、破坏猎物细胞组织等作用。刺胞动物触手的前端有很多刺细胞，珊瑚就依靠刺细胞来捕食浮游动物。

刺胞动物不会随意发射刺丝管，如果我们用干净的玻璃棒触碰刺胞动物的触手，刺丝管就不会发射。但是如果我们用沾了肉汁的玻璃棒触碰刺胞动物的触手，刺丝管就会发射（但只给刺胞动物肉汁，而不用玻璃棒触碰它们的触手，刺丝管也不会发射）。也就是说，当猎物靠近刺胞动物的时候，刺胞动物最先通过嗅觉感知到猎物，并进入准备状态，但是它们只有触碰到猎物后，才能触发刺丝囊，使其内外翻转，从而发射刺丝管。刺丝管是一次性用品，所以要避免只是因为触碰到沙砾就发射的情况。

刺丝管发射的原理与香槟瓶塞弹出的原理相同，即利用了压强差。刺丝囊内的压强高达150个标准大气压，盖板能防止刺丝管随意射出来。当刺丝囊受到机械刺激后，盖板打开，里面的刺丝管会飞快地弹射出去，发射速度可达60千米/时。在所有的细胞中，刺细胞是反应速度最快的细胞之一。从发射刺丝管到刺中猎物平均只需1/300秒，刺丝管刺进猎物的冲击力甚至和子弹击中目标产生的冲击力不相上下。

通常情况下，脊椎动物从看到猎物到做出反应的过程为：眼睛（感觉器官）→感觉神经→中枢神经→运动

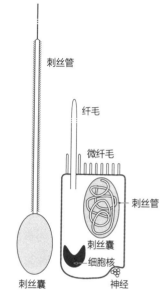

图1-2　不同状态的刺丝囊

左图为已经将刺丝管发射出去的刺丝囊。右图为未发射刺丝管的刺丝囊在刺细胞中的状态。刺细胞表面较长的突起是纤毛，较短的突起是微纤毛，二者都能感知猎物的接近。

神经→肌肉（反应器官）。在这个过程中有多个器官联动。刺胞动物的反应过程与脊椎动物的不同，因为刺细胞既是感觉器官又是反应器官，也就是说，刺细胞既可以感受外界刺激，又可以做出反应，它无须接收神经传递的信号就可以发射刺丝管。不过，刺细胞在某种程度上也受神经的支配：当刺胞动物处于饱腹状态时，刺丝囊就会受到神经的支配而不

轻易发射刺丝管。

科学家根据刺丝管的类型将刺丝囊进行分类。有的刺丝囊具有穿刺型刺丝管（刺丝管有毒），还有的刺丝囊具有只缠绕猎物的刺丝管（刺丝管无毒）。有毒刺丝管种类很多，已知在水螅虫纲中就有 24 种有毒刺丝管。

内外胚层

刺胞动物除了有刺细胞外，还有一个与其他动物不同的特征——只有内胚层和外胚层两个胚层（刺胞动物也被称为两胚层动物）。几乎所有动物都是三胚层动物，它们有内胚层、外胚层和中胚层 3 个胚层。刺胞动物因为少一个胚层而被认为是非常原始的动物。

因为胚层涉及动物繁殖的知识，所以我有必要向大家详细解释一下。

从卵细胞和精子结合（受精）的那一刻起，个体发育就开始了——所有多细胞动物的发育都是从受精开始的。受精卵最初只是一个圆圆的细胞，随着它的分裂，细胞开始增多并圈成中空的结构（你可以想象一个皮球，皮球的胶皮层就是细胞层），这个结构被称为囊胚。接下来，囊胚会出现管状凹陷，且管状凹陷会逐渐向中心延伸。这个现象被称为原肠内陷，这个管状凹陷就是原肠（将来变成肠的部分）。这个发育阶段被称为原肠胚期。

下面我来讲解一下胚层。在动物早期胚胎发育过程（图 1-3）中，胚层由细胞排列组成，呈膜状，位于原肠胚胚体外侧的胚层为外胚层，而向内凹陷的胚层为内胚层，它最终会发育为原肠。

随着原肠胚继续发育，多数动物会发育出中胚层，中胚层位于内胚

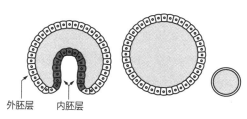

外胚层　内胚层

图 1-3　动物早期胚胎发育过程

从右到左：受精卵→囊胚→原肠胚

层和外胚层之间。有 3 个胚层的动物被称为三胚层动物，以人类为代表的几乎所有多细胞动物都是三胚层动物。

海克尔的卓见

　　刺胞动物仅有内胚层和外胚层，研究者认为这是原肠胚期（中胚层发育前的阶段）发育中止造成的。想象一下，口朝上的原肠胚是不是就和触手收缩时的水螅体一样，而口朝下漂荡在海水中的原肠胚看上去则与同是刺胞动物的水母十分相似（图 1-4）。

　　有学者认为，包括我们人类在内的所有三胚层动物都是从刺胞动物这样的两胚层动物进化而来的。最先提出这个观点的是恩斯特·海克尔（与达尔文几乎处于同时代的生物学者）。直到今天，海克尔的这个观点仍有众多支持者。海克尔的这个观点将达尔文的进化论与动物个体发育的过程结合了起来。虽然现在进化发育生物学（将进化生物学和发育学结合形成的学科）极为流行，但是在进化论刚刚出现的年代海克尔就有这样的想法，他真是太伟大了。

海克尔是一个想象力极其丰富的人，他有一个著名的观点：个体发育是系统发育的简短而迅速的重演。系统发育指某类群生物由简单向复杂逐渐进化的过程，个体发育则指个体从受精卵向成体发育的过程。海克尔认为，每个人从一颗受精卵变成成体的过程就是在不断重复人类的进化史。人类在胎儿期有鳃孔，而我们的祖先是由鱼进化而来的，这不就有力地证明了海克尔的上述观点吗？实际上，个体发育并没有严格重复其所属类群的进化史，所以海克尔的这个观点并不完全正确。但是，就能够通过自身发育来体验38亿年来的生命进化史这一点来说，我认为海克尔的观点是非常有意义的。

图 1-4　原肠胚示意图

珊瑚礁

如前文所述，能形成珊瑚礁的珊瑚叫作造礁珊瑚。造礁珊瑚会发射刺丝管来捕食浮游动物。

在海洋中，生物多样性水平最高的生态系统就是珊瑚礁生态系统。尽管珊瑚礁只占海洋面积的约 0.2%，但在其中生活的海水鱼的种类占所有海水鱼种类的 1/3，栖息于珊瑚礁内的所有生物种类占整个海洋生物种类的 1/4。支撑着这些生物生活的就是造礁珊瑚通过光合作用生产的有机物。此外，珊瑚礁也是海洋中生产力水平最高的场所之一，与珊瑚礁周围的外海生物相比，珊瑚礁海域生物的生产力要高出 100 倍以上。

珊瑚礁指热带浅海[①]中主要由造礁珊瑚的石灰质骨骼固化后形成的堆积体。从这个定义中，我们可以提取 3 个关键词：热带、浅海和堆积体。

这 3 个关键词与珊瑚礁的生物多样性密切相关。"热带"意味着气候温暖、稳定，生物不会经历大寒潮，而在冬季温度较低的地方，通常只有耐寒的生物才能存活下来。"浅海"则意味着有大量阳光穿透海水到达海底（而且在热带终年阳光普照），这有利于海底植物的光合作用，因此珊瑚礁海域能够为栖息在这里的生物提供丰富的食物。"堆积体"则意味着生物的生存环境稳定，生物不易被浪涌冲走。由造礁珊瑚的石灰质骨骼构成的堆积体质地柔软，容易受到海水侵蚀，穴居生物（如星虫、海绵等）还会在其上挖掘孔穴，因此礁石表面凹凸不平，可隐藏的地方很多，礁石的表面、裂缝、孔穴等都可以成为生物的栖息之所。所处的环境气候温暖、稳定，能提供丰富的食物和各种类型的栖息之所，珊瑚礁的生物多样性水平如此之高也就不难理解了。

我们只要潜入珊瑚礁海域，就会看到一望无际的珊瑚森林，周围全是热带鱼。珊瑚礁上的一只只旋鳃虫撑着一把把色彩鲜艳的"遮阳伞"，固着在珊瑚礁基部的一簇簇海葵摆动着白色的触手，闪烁着橙色金属光泽的双锯鱼（又称小丑鱼）在珊瑚礁中穿梭。珊瑚礁之间的海底是雪白的细沙，这些细沙是由珊瑚的骨骼碎裂后形成的。黑乎乎的海参在雪白

[①]　实际上，珊瑚礁还存在于亚热带浅海。——译者注

的细沙上蠕动。珊瑚礁周围是一个多彩的世界，一个生机勃勃的世界。珊瑚礁生物多样性水平之所以如此之高，正是因为有造礁珊瑚。那么，造礁珊瑚究竟是什么样的动物呢?

造礁珊瑚的主要特征

下面，我们来了解一下造礁珊瑚的 3 个特征。

造礁珊瑚的第一个特征是具有石灰质（主要成分是碳酸钙）骨骼。造礁珊瑚的水螅体能在体外形成石灰质"杯子"，这就是它们的骨骼，它们就生活在这个"杯子"中。"杯子"主要由石灰石构成，能分泌石灰质的细胞位于造礁珊瑚的水螅体的最外层，也就是外胚层细胞。珊瑚礁就是由造礁珊瑚的石灰质骨骼堆积而成的。

造礁珊瑚的第二个特征是大多营群体生活。如前文所述，海葵是珊瑚的近亲。海葵的水螅体大小不一——直径从几厘米到 1 米，并且多营独立生活。而造礁珊瑚的水螅体都非常小，直径在 1 厘米以下，数个微小的水螅体连在一起形成了群体，即由多个通过无性生殖产生的、相互连接的个体组成的聚合体。简单地聚集在一起的个体不能被称为群体；在群体中，个体与个体必须相互连接（组成群体的个体多被称为个员，而营独立生活的个体被称为单体）。

我们从受精阶段开始来了解一下造礁珊瑚是如何形成群体（图 1-5）的吧！造礁珊瑚的一生从精子和卵细胞在海里结合的那一刻开始，受精卵发育为浮浪幼虫，浮浪幼虫在海中漂浮一段时间后沉降至海底，附着在岩石表面，经过变态发育，变成水螅体。水螅体会在体外形成石灰质"杯子"。

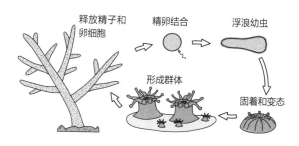

释放精子和卵细胞　精卵结合　浮浪幼虫

形成群体

固着和变态

图1-5　造礁珊瑚的简单发育史

接着，水螅体开始发展为群体。水螅体会从侧腹出芽，或者将身体分裂成两半，在自己的旁边生出和自己一模一样的水螅体。这种生殖方式叫作出芽生殖。出芽生殖属于无性生殖，即不经过雌雄两性生殖细胞的结合，由亲体直接产生后代的生殖方式。通过无性生殖方式形成的个体与亲代拥有相同的遗传因子，克隆就是无性生殖技术。亲代水螅体的部分身体与子代水螅体相连，可以进行信息和营养交换。

水螅体不断进行无性生殖，增加新的个体，最终形成我们熟悉的树状或块状的群体，成千上万的水螅体所居住的石灰质"杯子"组成了这些树状或块状物。一个水螅体很小，但由超过10万个水螅体聚集在一起构成的群体直径可达数米，有几百年历史的、由数百万个水螅体组成的造礁珊瑚群体直径甚至可以超过10米。

在造礁珊瑚死亡后，石灰质"杯子"会保留下来，与贝类、海胆以及其他会分泌石灰质的生物（如石灰藻等）的外壳堆积在一起，形成珊瑚礁的礁石。

造礁珊瑚与藻类的共生关系

是的，造礁珊瑚与藻类共生，而这正是它们的第三个特征。

造礁珊瑚的体内有共生藻类，这一事实是一位日本生物学家在1944年发现的。

珊瑚礁热热闹闹的表象背后隐藏着众多未解之谜。珊瑚礁看上去非常美丽，这得益于其周围如玻璃般透明的海水。但是，清澈透明的海水却"中看不中用"。为什么这么说呢？继续往下看吧。

珊瑚礁里生活着很多动物，这就意味着珊瑚礁中有丰富的食物。我们都知道，动物的食物源于能够进行光合作用的植物。即使是肉食性动物的食物，追根溯源也来自植物，比如牛肉就来自吃草的牛。珊瑚礁里生活着很多动物，因此珊瑚礁里必须有大量能进行光合作用的植物。

在海洋中，能进行光合作用的植物是藻类。在北太平洋中有由大型藻类（如海带、马尾藻等）形成的海藻林，但在位于热带的珊瑚礁海域，我们却看不到随海水摇曳的海藻。

除大型藻类外，海洋中能进行光合作用的还有浮游藻类，也就是在海洋中漂浮的单细胞藻类，如硅藻、鞭毛藻等，它们都是小到必须用显微镜才能看到的微型植物。珊瑚礁海域的海水清澈透明，所以我们不难得出结论，海水中的浮游植物很少。因为海水中漂浮着的大量浮游植物和有机物颗粒对光有漫反射作用，海水就会变得混浊（反过来，海水清澈透明就意味着水中没有太多浮游生物和有机物颗粒。有机物颗粒由生物的遗骸等分解而成，是动物和细菌的食物）。

珊瑚礁海域的海水中缺乏生物生长发育所需的营养物质，如氮和磷。氮是构成蛋白质的重要元素，磷是构成核酸（即遗传物质）的重要元素。

虽然很漂亮，但是缺少生物生存所需的营养物质，对生物来说，这样的海水本应不适合生存。事实上，珊瑚礁海域周围的外海中的确没有那么多生物。尽管海水中缺少营养物质，但珊瑚礁里却栖息着很多生物。这是怎么回事呢？

　　解开这个谜题的是日本生物学家川口四郎。早在他之前，人们就已经用显微镜观察到造礁珊瑚体内有许多圆形的褐色颗粒（直径为1/100毫米）。川口将这种颗粒从造礁珊瑚体内分离出来，并试着在海水中进行培养。他发现，褐色颗粒发生了变化，它们分泌出外壳包裹住全身，并长出两根细细的鞭毛开始划水游动。根据外形，这种褐色颗粒应该是一种与涡鞭毛藻同类的浮游植物，也就是说，在造礁珊瑚体内生存着可以进行光合作用的生物。受这一发现的启发，这种褐色颗粒在日本被叫作褐虫藻，其中文名称为虫黄藻（图1-6）。

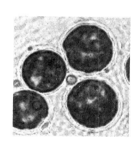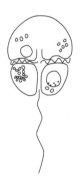

图1-6　虫黄藻

左图为从显微镜下看到的造礁珊瑚体内的虫黄藻，右图为虫黄藻的手绘结构图。

在前面我已经介绍过，珊瑚是两胚层动物，其原肠胚由内外两个胚层组成。珊瑚水螅体的内层（与胃腔接触的面）来自内胚层，外层（外表面）来自外胚层。虫黄藻就在造礁珊瑚水螅体的内层细胞中，被液泡包裹着。在水螅体的内层中，每平方厘米分布了数百万个虫黄藻，虫黄藻的重量占造礁珊瑚软体部分（即外骨骼以外的部分）重量的一半以上，可以说，珊瑚森林就是藻类森林。

虫黄藻获得的利益

两种或两种以上的生物生活在一起并保持紧密联系的现象叫作共生。如果这两种生物都能获益，这种共生关系就是互利共生；如果只有一种生物获益，这种共生关系就是单利共生。造礁珊瑚和虫黄藻的共生关系是互利共生，二者都获得了利益。

我们先来了解虫黄藻获得的利益。第一，虫黄藻拥有了安全的住所。造礁珊瑚生活在坚硬的石灰质"杯子"里，还装备了刺细胞这种厉害的"武器"，所以以造礁珊瑚为食的动物很少。可以说，虫黄藻住在如此坚固的"武装要塞"中是极为安全的。虫黄藻如果在海中慢悠悠地游动，就有被捕食的危险，所以它们在离开造礁珊瑚后会分泌外壳来保护自身，而进入造礁珊瑚体内的虫黄藻会脱去外壳，放松警惕。

第二，造礁珊瑚不仅能为虫黄藻提供安全的住所，其营群体生活的特性还有利于虫黄藻更好地进行光合作用。造礁珊瑚群体多呈枝状和叶状，叶状的造礁珊瑚群体呈扁平状，其光照面积较大；枝状的造礁珊瑚群体较高，不会被其他物体遮挡，所以也能接收到足够的阳光。此外，造礁珊瑚可以通过不断增加自身的表面积来获取更多的阳光。造礁珊瑚虽然是动物，但具有植物的形态，这是为了更多地吸收阳光，使虫黄藻能够更好地进行光合作用。

虫黄藻获得的利益不止这些。例如，在赤道上方的臭氧层（臭氧层可以吸收紫外线）很薄，所以赤道附近的紫外线十分强烈，而虫黄藻内的叶绿体很容易因紫外线而受损。造礁珊瑚可以生成能够吸收紫外线的物质（即类菌胞素氨基酸）来保护虫黄藻，防止虫黄藻的叶绿体被损坏。

虫黄藻还从与造礁珊瑚的共生关系中获得了热带海洋中缺乏的营养物质，如氮和磷。

造礁珊瑚捕食浮游动物，将浮游动物消化后会产生排泄物，它们的排泄物中就含有大量氮和磷，这些营养物质一经产生就被虫黄藻吸收了。自然界中利用排泄物中营养物质的做法并不少见，最常见的就是人类将人或牲畜的排泄物当作作物的肥料，但虫黄藻利用排泄物的过程与其他动物的稍有不同。排泄物在造礁珊瑚体内产生，因此可以被生活在造礁珊瑚体内的虫黄藻直接利用，营养物质极少会被浪费，虫黄藻对造礁珊瑚排泄物中营养物质的利用率比农作物对肥料中营养物质的利用率高得多。可以说，在造礁珊瑚体内形成了少有营养物质浪费的物质循环系统。

此外，光合作用需要二氧化碳，虫黄藻正好可以利用造礁珊瑚呼吸排出的二氧化碳。不过，造礁珊瑚并不仅仅通过呼吸向虫黄藻传送二氧化碳，还会特意将海水中的二氧化碳吸入体内，交给虫黄藻。

造礁珊瑚获得的利益

我们已经了解了虫黄藻从造礁珊瑚那里获得的利益，那么造礁珊瑚又得到了什么呢？

通过共生，造礁珊瑚获得的最大的利益就是营养物质。虫黄藻通过光合作用生成甘油等营养物质，大部分（高达九成）甘油都被造礁珊瑚吸收了。

我们人类摄取食物是为了得到身体活动所需的能量（能量主要源于碳水化合物等），以及获取身体发育（我们的身体主要由蛋白质构成）、合成遗传物质所需的材料。造礁珊瑚摄取食物的目的也是如此。合成蛋白质必需的物质是氮，合成遗传物质必需的物质是氮和磷。造礁珊瑚日常活动所需的能量来自甘油，虫黄藻合成的甘油可以100%满足造礁珊瑚的能量需求，为了获得合成蛋白质和遗传物质所需的氮和磷，造礁珊瑚需要捕食浮游动物。

造礁珊瑚外骨骼的主要成分是碳酸钙，其外骨骼的生长也需要材料。造礁珊瑚可以直接从海水中获得碳酸和钙，但是，要想使这两种物质发生反应并形成碳酸钙的结晶，就需要有机物作为结晶的核心。造礁珊瑚可以从虫黄藻那里获得有机物。

虫黄藻能通过光合作用合成氧气，这些氧气就被造礁珊瑚体内的细胞直接吸收并利用了。反过来，造礁珊瑚的呼吸作用也让虫黄藻获益：造礁珊瑚呼吸产生的二氧化碳都被虫黄藻吸收并利用，所以造礁珊瑚无须烦恼排泄物的处理问题。

造礁珊瑚与虫黄藻共生的结果是，造礁珊瑚几乎不用担心食物短缺、排泄物的处理和出现呼吸困难的问题，因为它体内有一台永不停止的"呼吸机"，这简直就是过着"衣来伸手，饭来张口"的极乐生活；对虫黄藻来说，它们不仅有了安全保障，而且能更容易地进行光合作用，因为它们可以直接从造礁珊瑚那里获取维持生命活动所需的营养物质和进行光合作用所需的二氧化碳。简言之，共生关系使得虫黄藻可以持续进行光合作用，并将光合作用的产物毫不吝啬地提供给造礁珊瑚，从而使造礁珊瑚得以扩大自己的"地盘"。珊瑚礁虽然分布于营养物质匮乏的海域，但却具有极高的生物多样性水平，这不仅与造礁珊瑚有关，更与虫黄藻有关。正是二者的互利共生关系使得珊瑚礁具有极高的生物多样性水平。

黏液是珊瑚礁动物生存的基础

珊瑚礁里不仅有大量的造礁珊瑚，还有很多其他动物。而珊瑚分泌的黏液就是珊瑚礁食物链的基础。造礁珊瑚会分泌大量黏液，使其覆盖全身，客观而言，这些黏液为其他动物提供了食物。

黏液由造礁珊瑚口道周围的细胞分泌，会紧紧地粘在造礁珊瑚的表面，仿佛在它们的表面裹了一层食品保鲜膜。黏液的作用之一是保持造礁珊瑚身体清洁。因为造礁珊瑚固着在海底生活，沙粒等附着物会粘在造礁珊瑚的表面。如果附着物太多，造礁珊瑚就难以受到阳光的照射，虫黄藻的光合作用就会受到影响。黏液可以避免虫黄藻的光合作用受到影响。当附着物太多时，造礁珊瑚就会将黏液从身体上剥离以清除附着物，并迅速分泌新的黏液，从而保持身体清洁。有些造礁珊瑚会定期更新黏液，比如滨珊瑚就会在满月的时候更新黏液。

黏液还起保护造礁珊瑚的作用。栖息于浅海的造礁珊瑚在大潮退潮时常会露出水面，每当这时，它们就会分泌大量黏液将身体全部覆盖。黏液有保湿作用，能够防止造礁珊瑚因失水而变得干燥。此外，异常的温度变化、下雨等常导致海水盐分减少，这时造礁珊瑚也会大量分泌黏液来进行自我保护。

为了合成黏液，造礁珊瑚需要消耗从虫黄藻那里获得的近一半的营养物质。黏液由碳水化合物与蛋白质结合的高分子物质构成，而合成这种物质需要消耗大量能量。顺便说一下，剩下的营养物质大都用于支持造礁珊瑚必要的日常活动（如捕食、修复身体和与虫黄藻进行物质交换等），造礁珊瑚生长所消耗的营养物质仅占从虫黄藻那里获得的营养物质的 1%。

造礁珊瑚分泌的黏液就是由各种营养物质构成的，因此，对其他生物（尤其是细菌）来说，黏液是很好的食物。一半以上的黏液被剥离后很快就会溶解在海水里，海水中的细菌得以大量繁殖，以细菌为食物的浮游动物增多，以浮游动物为食的小型动物随之增多，而这些小型动物又会被体形更大的动物吃掉。就这样，珊瑚礁食物链不断扩展。

没有溶解在海水里的黏液也能成为食物。黏液聚集成团，空气进入黏液后，黏液缓慢上浮到海面，在海面漂浮。漂浮的黏液会"吞噬"海水中的细菌、单细胞藻类、浮游动物等，与刚从造礁珊瑚上剥离的黏液相比，这样的黏液的营养价值高 1000 倍以上。

漂浮在海面的黏液如果没有被吃掉，就会不断吸附海水，最终因太重而沉到海底，成为栖息于海底的细菌的食物，而这些细菌又会成为其他底栖动物的食物。

珊瑚蟹与长棘海星

其实，鱼、贝、虾、蟹等动物会直接食用造礁珊瑚上的黏液。比如，生活在鹿角杯形珊瑚上的珊瑚蟹就以造礁珊瑚体表的黏液为食，它们步足的局部长着像刷子一样的毛，专门用来刮取造礁珊瑚体表的黏液。这种蟹住在珊瑚礁中，从造礁珊瑚上获取食物。看起来似乎只有珊瑚蟹是获益的一方，即它们与珊瑚是单利共生的关系，其实并非如此。珊瑚蟹的活动也给珊瑚带来了益处。

长棘海星（图1-7）是直径可超过60厘米的大型海星，也是造礁珊瑚少有的天敌之一。长棘海星可以把胃从口中翻出，压在造礁珊瑚上并分泌消化液，从而将造礁珊瑚溶解、吸收。尽管住在石灰质"杯子"里，造礁珊瑚也难逃长棘海星的毒手。此外，在长棘海星面前，刺细胞一无是处。长棘海星时常会进行暴发性繁殖，而这会给造礁珊瑚带来毁灭性打击。

图1-7　长棘海星

图中灰白的部分是珊瑚被长棘海星吃掉的部分，只剩下了石灰质外骨骼。

不过，长棘海星不会主动捕食有珊瑚蟹栖息的鹿角杯形珊瑚，这是因为当长棘海星向造礁珊瑚发动攻击的时候，珊瑚蟹会主动迎击，比如用大螯将长棘海星推出去、夹断长棘海星的管足将其击退等。所以，珊瑚蟹与造礁珊瑚是互利共生的关系。

珊瑚白化

　　造礁珊瑚和虫黄藻的共生关系看似坚如磐石，但有时也会破裂。而一旦两者关系破裂，就会导致珊瑚白化——如今的一大世界性难题。珊瑚白化指生活在造礁珊瑚中的虫黄藻数量骤减，导致珊瑚礁颜色变白的现象。造礁珊瑚本身是透明的，一旦其中褐色的虫黄藻大量减少，造礁珊瑚的白色石灰质骨骼就清晰可见，从而使珊瑚礁呈白色。虫黄藻失去了光合作用必需的色素是造成珊瑚白化的直接原因。珊瑚白化就意味着虫黄藻的光合效率降低，造礁珊瑚就会因缺乏营养物质而衰弱，如果白化持续过长时间，造礁珊瑚就会死亡。

　　珊瑚白化是由虫黄藻产生应激反应所引起的。海水盐分减少会使虫黄藻产生应激反应，而导致海水盐分减少的因素包括：异常的温度和光照变化、持续大雨等。如果引起应激反应的因素能够在短时间内消除，造礁珊瑚体内的虫黄藻数量就可以慢慢恢复，造礁珊瑚也就可以恢复如初了。

　　现在，造成地球上大规模珊瑚白化问题的原因是全球气候变暖。珊瑚白化与海水温度有密切的联系。只要夏季有 4 周时间最高气温比往年的高 1 ℃，造礁珊瑚发生白化的概率就会增大。1998 年发生了创纪录的大规模珊瑚白化，而这一年出现了"千年一遇"的厄尔尼诺现象，海水温度明显高于往年。这使得世界上 16% 的造礁珊瑚遭到了破坏，日本冲绳的造礁珊瑚遭到的破坏尤其大，近八成造礁珊瑚死亡。强烈的光照加剧了珊瑚白化。遭到破坏的造礁珊瑚恢复得非常缓慢，直到现在，很多在 1998 年遭到破坏的造礁珊瑚都尚未恢复如初。

此外，从 1998 年开始，在全球范围内，每年都有 5% ~ 20% 的珊瑚礁濒临灭绝，并且濒临灭绝的珊瑚礁的占比呈不断增大的趋势。有研究者预测，按目前全球气候变暖的速度，加上海洋污染、海洋资源过度开发、海洋生物过度捕捞等，到 2050 年，地球上所有的珊瑚礁都将濒临灭绝。

珊瑚白化的原因

造礁珊瑚与虫黄藻双方都因对方而受益匪浅，为什么仅仅因为海水温度高 1 ~ 2 ℃，它们之间的共生关系就破裂了呢？这实在令人费解。事实上，造礁珊瑚与虫黄藻的共生关系只有在比较苛刻的温度条件下才能维持。

珊瑚礁多生长在高温、光照强烈、海水透明的环境里，而这种环境中的虫黄藻的光合效率很高，它们会不断释放氧气。因此，珊瑚礁周围氧气浓度很高，存在大量活性氧。而活性氧是极其危险的物质，会破坏生物的核酸、蛋白质、细胞膜等。如果一个虫黄藻在海水中漂浮，它所释放的氧气会被海水稀释，因此不会造成问题。但如果虫黄藻在造礁珊瑚体内这种固定且相对封闭的空间里不断释放氧气，就会造成很大的问题。当然，无论是造礁珊瑚还是虫黄藻，都对周围活性氧浓度过高的情况有应急处理措施（它们会分泌能消除活性氧的酶）。所以，即使出现一些偏差，造礁珊瑚和虫黄藻也可以快速调整并恢复正常。但是，由于全球气候变暖、海水温度升高，虫黄藻的光合作用装置受损，导致活性氧无法及时被清除。

此时，站在造礁珊瑚的角度看，既然虫黄藻从值得感谢的伙伴变成了制毒装置，那么把它们赶出去不就好了吗？而站在虫黄藻的角度看，如果继续待在造礁珊瑚体内，大量活性氧会给自己带来非常严重的问题，那么逃出去不就好了吗？

因此，温度仅仅升高1～2℃就足以破坏造礁珊瑚与虫黄藻的共生关系（虽然我们已经知道是活性氧破坏了造礁珊瑚与虫黄藻的共生关系，但究竟活性氧是如何破坏二者的共生关系的，我们还不清楚）。

造礁珊瑚是海洋里的"金丝雀"

不管活性氧是如何破坏共生关系的，海水温度仅仅升高1～2℃就会导致造礁珊瑚和虫黄藻的共生关系破裂是毋庸置疑的事实，这一事实给我们传达了一条极为重要的信息——不管是生物与生物之间的关系，还是生物与环境之间的关系，都是非常敏感的。

仅仅是周围温度略微升高就会出现白化现象，造礁珊瑚可以说是极其灵敏的全球气候变暖警报器。它们广泛存在于热带海洋中，我们可以密切关注它们的状态。我将造礁珊瑚称为海洋里的"金丝雀"。以前，英国的矿工在下矿的时候，会带一只金丝雀。如果矿内有毒气体泄漏，金丝雀马上就会停止鸣叫，这样矿工就能在第一时间发现危险。作为海洋里的"金丝雀"，造礁珊瑚已经在第一时间发出了全球气候变暖的警报，我们必须予以重视。

第二章

节肢动物门：昆虫成功的秘密

昆虫的物种数量竟然占所有动物物种数量的七成以上，占生物界所有生物物种数量的五成以上。从物种数量来看，昆虫的繁盛无疑是值得夸耀的；从个体数量上来看，昆虫是多细胞生物中数量最多的。从这两方面来看，进化史上最成功的生物非昆虫莫属。本章我们就来探讨一下昆虫如此成功的秘密。

昆虫属于节肢动物门，虾、蟹（甲壳动物）都是它们的近亲。陆地上最繁盛的动物是昆虫，海洋中最繁盛的动物则是昆虫的近亲——甲壳动物。节肢动物门的拉丁文名称是 arthropoda，这个词由希腊语中的 arthro（意为"关节"）和 poda（意为"足"）组成，本义是"足上有关节的动物"。

我们先来大致了解一下昆虫的身体结构。

节肢动物正如其名，它们的足分节，节与节之间由节间膜相连（连接体节或足节的膜质部分都叫节间膜）。它们的身体也分节（你可以想象蜈蚣的身体），身体上的节被称为体节。身体由前后相连的体节组成是节肢动物的基本特征。昆虫的身体一般分为头部、胸部和腹部，相同部位的体节相似，不同部位的体节有差异。

昆虫的口器和感觉器官（眼等）位于头部。头部多由数个体节愈合而成，头部体节的附肢退化，形成了触角和用于摄食的大颚、小颚、上唇、下唇。昆虫的脑也位于头部。但是，以昆虫为代表的节肢动物并不像脊椎动物那样由中枢神经系统（包括脑和脊髓）集中控制所有的身体机能，节肢动物的每个体节内都有由神经细胞聚集而成的神经节。

昆虫的运动器官（足和翅）主要位于胸部。胸部由 3 个体节（前胸、中胸、后胸）组成，每个体节都长有 1 对足，共计 3 对，因此它们被归为六足亚门，有 6 只足也是所有昆虫的特征。2 对翅膀则长在中胸。

昆虫的腹部由 11 个体节构成，腹部有消化器官、生殖器官和排泄器官（马氏管）等。

节肢动物门

节肢动物门分为 5 个亚门。

1. 三叶虫亚门（已灭绝）

2. 甲壳亚门（包括虾、蟹、藤壶等）

3. 六足亚门（包括所有昆虫）

4. 多足亚门（包括蜈蚣、马陆等）

5. 螯肢亚门（包括鲎、蜘蛛、蝎等）

几丁质外骨骼

昆虫如此繁盛的原因离不开它们令人惊叹的骨骼结构。骨骼十分坚硬，即使在被施加外力的状态下，也能保护动物的身体不被压扁或帮助动物保持姿势。骨骼不仅可以对抗重力和风力等外力，还能将来自身体内部的力量（肌肉产生的力量）向外传导。无论是人类还是昆虫，都因为有坚硬的骨骼，才得以依靠肌肉发力来活动（比如行走）。骨骼对动物的活动是极为重要的。

骨骼大致分成两种：内骨骼和外骨骼（图 2-1）。内骨骼位于身体内部，被包裹在皮肤（表皮）之内，脊椎动物的骨骼都是内骨骼。外骨骼是位于动物体表的骨骼。节肢动物的骨骼都是外骨骼，珊瑚和贝类的骨骼也都是外骨骼。

图2-1　内骨骼（左）与外骨骼（右）示意图
图中黑色部位为骨骼。

外骨骼覆盖在动物身体的表面，不仅起身体框架的作用，还起保护身体内部结构的作用。外骨骼可以避免动物因受到外力冲击而受伤，也可以保护它们免受外界有害化学物质及致病菌的影响。昆虫的外骨骼还可以避免体内水分流失，对昆虫在陆地上繁衍生息起着极为重要的作用。

无机质骨骼与有机质骨骼

如果按照主要成分对动物的骨骼进行简单的分类，可以把动物的骨骼大致分为由无机物构成的骨骼和由有机物构成的骨骼。由无机物构成的骨骼的代表是石灰质骨骼，其主要成分是碳酸钙，珊瑚和贝类的外骨骼都是石灰质骨骼。海水中本就存在大量的钙，碳酸根来自空气中的二氧化碳，所以合成碳酸钙的原料并不难获取。只要条件合适，珊瑚和贝类无须消耗太多能量和营养物质就能合成碳酸钙，因此，在大海中，碳酸钙是一种十分"便宜"的材料。而且，石灰质骨骼一旦形成，就很难被损坏，这是石灰质骨骼的优点。这种骨骼也有缺点，那就是很重。

脊椎动物的骨骼也含有钙，不过主要成分是磷酸钙。这种骨骼的优点是，即使在成型后也可以被破骨细胞分解，然后重建。经常受力且受力较大的骨骼会变粗，较少受力且受力较小的骨骼会变细。这样通过不断调整，经常受力且受力较大的骨骼不断被加强，而较少受力的骨骼则会被不断削弱，以减轻身体的负重。但是，磷酸并不像碳酸那样易得，所以，相比石灰质骨骼，以磷酸钙为主要成分的骨骼合成成本更高。

由有机物构成的骨骼的代表是昆虫的表皮（也就是昆虫的外骨骼），它是由多糖和蛋白质以复杂的形式聚合而成的。昆虫表皮的合成成本相当高，不过，它具有重量轻、坚固耐用等优点。正是因为使用了"高性能材料"，昆虫的足才具有既细又轻，还坚硬、不易弯折的特点，昆虫才能轻盈地摆动足，快速移动。

如果昆虫的翅能用与表皮相同的材料来合成，那么翅就可以变得又大又薄，这样的翅能扩大昆虫的活动范围。能够在空中自由飞行的动物只有大多数昆虫和部分脊椎动物（如翼龙、鸟、蝙蝠）。能飞行的脊椎动物最早大约出现在中生代，而能飞行的昆虫最早则出现在更早的古生代，距今 4 亿年前。在 2 亿年前，昆虫是空中霸主。昆虫经历了两个阶段才走上了繁荣的道路，它们先凭借抗干燥的身体称霸陆地，然后通过演化出翅称霸天空。可以说，让昆虫家族如此繁盛的正是昆虫可以在干燥环境中保护身体的表皮和将它们带往天空的翅。

表皮的结构

　　昆虫的表皮的英文是 cuticle，这个单词的词源是拉丁文 cuticula，cuticula 的本义是"皮肤"。现在，我们将覆盖在生物表面的组织都称为表皮。动物和植物都有表皮（你可以将表皮想象成镜片的涂层）。洗发水广告中经常会出现毛鳞片的画面，头发的表皮就是由毛鳞片重叠而成的，有保护头发和保湿的作用。以昆虫为代表的无脊椎动物的表皮是由皮细胞分泌而成的，同样具有保护身体和保湿的作用。

　　昆虫的表皮共分为 3 层，从外至内分别是上表皮、外表皮和内表皮（图 2-2）。3 层表皮相叠，厚度仅 0.2 毫米，非常薄。这 3 层表皮都是由内表皮下面的皮细胞分泌的。皮细胞在基膜上整齐地排成一层。位于这层皮细胞内侧的组织具有生物活性。表皮位于皮细胞外侧，虽然不具有生物活性，但却有着无可替代的重要功能。

　　上表皮虽然厚度仅有 1/1000 毫米，但可以起到防止体内水分蒸发的屏障作用，是昆虫在陆地上生活不可缺少的部分。有了上表皮，昆虫就算在干旱的环境中也可以生存。这层屏障不仅阻断了珍贵的水分从昆虫体内蒸发出去，也阻断了外界有害化学物质以及致病菌、霉菌进入昆虫体内。

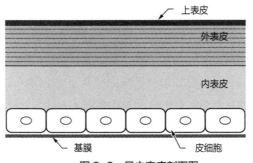

上表皮

外表皮

内表皮

基膜　　　　　　皮细胞

图 2-2　昆虫表皮剖面图

　　上表皮可大致分为 3 层（由外向内分别是护蜡层、蜡层、表皮质层），蜡层是防止水分蒸发的关键。护蜡层覆盖在蜡层上，起保护蜡层的作用。表皮质层最先形成，由脂腈素构成。上表皮的下方是外表皮和内表皮。上表皮起化学屏障作用，而外表皮和内表皮则赋予表皮强度和韧性，起物理屏障作用。外表皮和内表皮是昆虫可以进行剧烈运动的关键之一。

　　外表皮和内表皮在昆虫生长发育之初并没有分开，统称为原表皮，原表皮由皮细胞分泌，然后原表皮的外侧发生了醌硬化从而分化出了外表皮。原表皮由几丁质纤维和填充在几丁质纤维间的基质（明胶状物）构成（你可以想象加了很多丝线的明胶的样子）。

　　几丁质的英文 chitin 来自希腊语，本义是"外皮"。几丁质是一种含氮的多糖，由 N- 乙酰 -D 氨基葡萄糖聚合而成。几丁质纤维并行排列，重量占原表皮干物质重量的 20% ～ 50%。基质是由蛋白质构成的，起到填充物和黏合剂的作用。

　　如果我们将昆虫的身体看作一栋大楼，那么表皮就相当于大楼的墙，几丁质纤维和基质就是筑墙所用的材料，使昆虫的表皮具有强度高的优良特性。几丁质纤维具有很强的抗拉性，但是它的抗压性较弱。而基质具有很强的抗压性，但如果受到拉伸，就很容易断裂，基质上即使有一个很小的裂纹，也会发展成大的裂痕，从而导致基质断成两半。几丁质纤维和基质各有优缺点，把它们组合在一起，就能互相弥补对方的缺点，使表皮既抗拉又抗压。

胶合板一样的表皮

　　几丁质纤维和基质使昆虫的表皮具有优良特性，这是因为昆虫进行了"深加工"。昆虫的表皮就好比由一片片薄板堆叠而成的胶合板，其中每片薄板中几丁质纤维的方向都不一致，几丁质纤维之间被基质填充。胶合板就是将几块木纹方向相互垂直的薄木板黏在一起做成的。木纹方向一致的木板虽然看起来很漂亮，但是强度不足。木纹方向一致虽然能使木板具有很强的抗拉性，但是如果我们向木板施加垂直于它的力，木板很容易断裂。胶合板通过使相邻薄木板的木纹相互垂直的方式解决了木板易折的问题，如果我们强行折断胶合板，板材断面通常会出现锯齿状裂痕。锯齿状裂痕比直线形裂痕长，裂痕越长，破坏板材就需要越大的力，因此相比木纹方向一致的木板，胶合板更不容易被折断。昆虫的表皮比胶合板的设计更为精巧：多层由几丁质纤维和基质组合而成的"薄板"堆叠在一起，相邻两层"薄板"中几丁质纤维所成的角度小于90°。因此，昆虫的表皮尽管很薄，但无论是被弯折还是被拉扯，都极不容易损坏。昆虫的表皮是具有良好物理性质的屏障。

醌硬化

刚形成的原表皮十分柔软，原表皮的外侧在发生醌硬化后会变硬，从而形成外表皮。醌极易与蛋白质结合，成为蛋白质间交联的"桥梁"，从而使基质不易变形。在发生醌硬化反应的初期，将要形成外表皮的部分会失水，这样有助于硬化。

醌硬化的英文是 tanning，有使皮肤晒成褐色的意思。因为在醌将蛋白质交联的过程中，原表皮会变为褐色，醌硬化因此得名。蟑螂体表呈褐色，就是醌硬化的结果。原表皮本来是白色的，醌硬化的程度不同，外表皮颜色的深浅亦不同——从浅茶色到接近黑色不等。颜色越深，醌硬化的程度就越高，外表皮就越硬。

例如，白蚁（图 2-3 中是栖北散白蚁）的身体呈白色，这是因为白蚁的表皮没有发生醌硬化。因为白蚁主要生活在树木中，它们不需要用坚硬的表皮来保护身体。不过，白蚁的大颚一般是褐色的，这代表白蚁大颚的醌硬化程度较高，这是因为白蚁要用大颚来啃食树木，它们的大颚必须足够坚硬。值得一提的是白蚁群中专门守护巢穴的兵蚁，它们的大颚形似剪刀，因为大颚的表皮醌硬化程度非常高，所以颜色黢黑，十分坚硬，兵蚁就靠坚硬的大颚来击退入侵者。再如，生活在地下的独角仙幼虫身体也是白色的，因为在土壤中，幼虫没有必要用坚硬的表皮来保护身体。但是，头部作为关键部位，必须受到保护，所以独角仙

图 2-3　栖北散白蚁

幼虫的头部呈褐色。昆虫可以根据自身的需求来调整身体各部分表皮的硬度。

昆虫是由甲壳动物（如虾、蟹）进化而来的。虽然甲壳动物也有几丁质表皮，但甲壳动物无法通过醌硬化来使表皮变硬，甲壳动物表皮的硬化主要是通过在表皮中累积大量的碳酸钙来实现的。因为海水中有丰富的钙，累积碳酸钙的硬化方式"物美价廉"。随着碳酸钙逐渐在表皮中累积，甲壳动物的表皮越来越重，于是石灰质壳就形成了。在海洋这种有浮力的环境中，拥有沉重的壳就相当于拥有"压舱石"，这样甲壳动物就可以在海底定居下来了。相反，对栖息在陆地上的动物来说，表皮越重，它们运动的阻力就越大。所以，通过醌硬化来使表皮变硬是昆虫为了适应陆地生活进化出的能力。

极强的运动能力

表皮既轻又坚硬，有了合成表皮的"复合材料"，昆虫就可以拥有细长但强度大的足以及又薄又宽大的翅。可以说，是"复合材料"使昆虫具有极强的运动能力。

行走

无论是人类还是昆虫，都依靠摆动腿来行走。腿细长而坚硬，是从躯干延伸出来的部位。人类行走靠腿部肌肉发力，用汽车进行类比的话，腿部肌肉就是发动机，腿部骨骼就相当于变速器和车轮。

那么腿为什么是细长的呢？你一定知道，腿越长，步幅就越大，行走速度就越快（将腿想象成杠杆，你就容易明白了）。腿越轻、越长，动物的运动能力就越强，所以腿要尽可能地轻、结实、不易弯折，圆柱形就是最佳的选择。

腿与杠杆

不管是人类的腿还是昆虫的腿，都是细长、柱状的。腿越细长，步幅就越大，行走速度就越快，这个现象与杠杆原理有关。我们先了解一下杠杆（图2-4）。杠杆是一种简单机械，由一个固定点（即支点）和一根可以绕着支点转动的杆组成，一般来说，支点距离杆两端的距离不同。我们如果将重物放置在靠近支点的一端，然后向另一端施加压力，就可以用较小的力量将重物抬起来。这时，杠杆的作用是省力，远离支点的一端的移动距离大于靠近支点的一端的移动距离。

我们如果将杠杆反过来使用，那么只要施加压力使靠近支点的一端稍稍移动，远离支点的一端就会大幅度移动。远离支点的一端移动距离增加，它的移动速度也就变快了。腿移动的原理和杠杆远离支点一端移动的原理相同。

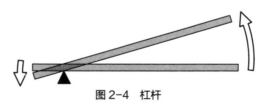

图2-4　杠杆

需要注意的是，杆越长就越容易折断。如果腿折断了，动物就不能行走了。虽然将腿加粗就可以防止折断，但这样会使腿的重量增加，动物在行走的时候就会消耗更多的能量。因此，腿的形状需要满足既细长又结实，足以抵抗从任一方向施加的压力的需求。

为了使腿不易折断，以及保证行走速度快且不消耗大量能量，动物的腿必须是圆柱形的。

关节

合成表皮的"复合材料"还有一个特别的优势——可以构成关节。没有关节的话，足就不能移动。正是有可以活动的关节将足和躯干连接起来，昆虫才能行走。

在人体中，骨盆与股骨（位于大腿）通过髋关节连接在一起。与腿部运动有关的腰大肌和臀大肌均跨过髋关节，止于股骨。这样的结构使得力能够通过肌肉从躯干传导至腿部，人才能动起来。连接骨盆和股骨的髋关节是光滑可动的，这使得腿可以来回摆动。当然，除了将股骨和骨盆连接起来的髋关节，膝盖、脚踝、脚趾处都有关节，这样一来，人就可以进行复杂的运动了，也获得了更强大的运动能力。

关节对人类来说是不可或缺的结构，对节肢动物也一样。节肢动物是足上有节（即关节）的动物，具有极强的运动能力。

人类关节的结构极其复杂。在人体中，如果骨与骨直接相连，由于接触面十分粗糙，在运动过程中接触面就会产生很大的摩擦力，骨就很容易磨损。因此，骨的端部都覆盖着软骨组织，软骨组织起润滑作用，还可以像气垫一样缓解外部冲击。此外，关节内还有被称为滑液的润滑剂，滑液可以进一步减小摩擦力。此外，由于受到过度拉伸或扭曲，骨可能会脱位（即骨脱离正常位置），为了防止这种情况的发生，我们的关节还具备韧带，它就像一根柔韧的绳子，将骨与骨连接在一起。

人类关节的结构如此复杂，因此，关节一旦受到损伤，就很难恢复。即使关节没有受到损伤，在正常的使用过程中，关节也会出现磨损。随着年龄的增长，人们最先出现问题的部位就是关节，我对此深有体会。

人类关节的结构之所以如此复杂，是因为人类的骨骼硬度高且不易变形。那么，是否存在可以弯折、延伸或变形的骨骼呢？设想一下，如果骨骼的硬度可以改变，在需要一定强度的部位骨骼硬度高，在需要弯曲的部位骨骼硬度低，那么只需一根从躯干延伸到足的骨就可以满足动物的运动需求。动物只需要根据需求来改变骨的硬度就可以了，这样动物的身体结构就会变得非常简单。

把这个设想变成现实的就是昆虫。昆虫表皮的硬度靠醌硬化反应调节，表皮可以自由地变硬或变软。在需要弯曲的部位，表皮不发生醌硬化，使得该部位的表皮柔软；在需要一定强度的部位，表皮通过醌硬化变硬。位于昆虫关节处、又软又薄的表皮叫作节间膜。节间膜的化学成分和硬度高的表皮的化学成分是一样的。由于表皮的硬度可以改变，昆虫就不需要软组织、韧带、滑液等了，因此昆虫的骨骼结构更简单、更容易受到损伤。不过，由于昆虫的骨骼合成成本低，所以骨骼即使受到损伤也很容易被修复，表皮的优势在昆虫的关节处发挥得淋漓尽致。

从图 2-5 中我们可以发现，屈肌和伸肌总是成对出现。在这一点上，无论是人类还是昆虫都是一样的。接下来的专栏将会解释为什么屈肌和伸肌总是成对出现。

图2-5 哺乳动物（左）和昆虫（右）的关节
黑色的部分为骨骼，灰色的部分是一对作用相反的肌肉（屈肌和伸肌）。

成对工作的肌肉

无论是在人体内还是在昆虫体内，屈肌和伸肌总是成对出现。这是为什么呢？

屈肌和伸肌都是由很多细长的肌细胞（又称肌纤维）组成的（图2-6）。单个肌细胞内含有肌动蛋白和肌球蛋白这两种蛋白质，两种蛋白质各自组成细长的蛋白质纤维。两种蛋白质纤维沿肌细胞的长轴方向平行交错排列，排列得十分紧密。多根蛋白质纤维组成肌原纤维，肌原纤维被分成多个肌节，肌节是肌肉收缩的最小单位。肌原纤维是肌细胞的重要组成部分，使肌细胞呈纤维状。多个纤维状肌细胞组成肌束，多个肌束组成肌肉。肌肉就是以这种"套娃"式结构层层嵌套形成的。

肌肉跨过关节附着在相邻的两块骨上，我们可以将骨想象成棍子，将肌肉想象成绳子。我们如果拉动绳子，绳子就会带动两根棍子使它们彼此靠近，但是，要想使两根棍子恢复原状，推动绳子是没有用的，绳子只会变弯。肌肉带动骨骼移动也是这样的，一块肌肉可以通过收缩使相邻的两块骨彼此靠近，但却没有办法使它们恢复原状。因此，肌肉无法单独工作。

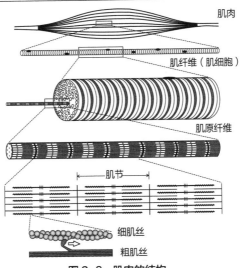

图 2-6 肌肉的结构

图的最下面是由肌球蛋白构成的粗肌丝和由肌动蛋白构成的细肌丝。粗肌丝伸出像手一样的结构"抓"住细肌丝，使细肌丝沿图中箭头的方向移动，并滑入粗肌丝之间，使得肌纤维收缩。

　　要想使两块骨恢复原状，就需要另一块肌肉从反方向拉拽它们。所以，在人体的关节处总是有作用相反的一组肌肉工作，这组肌肉就是屈肌和伸肌。我们可以通过屈伸自己的肘部来感受屈肌和伸肌是如何工作的。如果我们使屈肌收缩，关节就会弯曲，此时位于关节另一侧的伸肌处于舒张的状态。要想使关节伸展，就要使伸肌收缩，此时，屈肌处于舒张的状态。屈肌和伸肌作用相反，它们相互配合、共同工作。

　　要注意的是，没有骨骼的话，关节也无法活动。如果没有骨骼，屈肌和伸肌就会贴在一起，屈肌收缩，伸肌因受到牵拉也会收缩，反之亦然。

> 这样，肌肉就不能持续工作了。正是因为存在长度不会改变（且不与肌肉一起收缩）的骨骼，肌肉才能持续工作。

飞行

　　能够飞行是昆虫的特征之一。昆虫通过振翅飞行。昆虫的翅并不简单，表皮的优势在昆虫的翅上体现得淋漓尽致。昆虫的翅只有0.1毫米厚，这么薄的翅在振动时，既要承受来自空气的压力而不破裂，又要使昆虫成功升到空中（甚至使蝴蝶能够跨海飞行），这不能不令人惊叹。

　　昆虫的翅还有其他让我们感到惊讶的地方。在一秒内，昆虫的翅可以振动几百次。蚊子飞行时会发出"嗡——"的声音，蜜蜂则会发出"嗡嗡"的声音，这些声音都是它们的翅快速振动发出的。然而，如果我们以昆虫振翅的速度挥动一块薄铁板，那么这块薄铁板很快就会因金属疲劳而损坏。

　　翅使昆虫能够飞行。对昆虫来说，能够飞行对觅食、躲避天敌以及繁衍后代都是非常有利的。动物的体形越大，其移动成本（即每千克体重移动1米所消耗的能量）就越小，活动范围就越大。也就是说，动物的活动范围与其体形大致成正比。小型动物的活动范围极为有限，但飞行的能力扩大了其活动范围。在体形相同且消耗相同能量的情况下，会飞的动物比只能行走的动物可以到达更远的地方。因此，会飞对昆虫这样的小型动物意义重大。

　　飞行更节能，这话听起来不可思议。当然，要把身体带到空中的确需要消耗很多的能量，如果我们将身体升空所消耗的能量与走一步所消耗的能量相比，那么飞行消耗的能量的确更多。但是，飞行绝对快于行走（昆虫的飞行速度为 2 ～ 40 千米 / 时，而昆虫的行走速度最快仅为 100 米 / 时）。在移动距离相同的情况下，昆虫飞行所需的时间仅为行走所需时间的几十分之一，甚至是几百分之一。因此，在移动距离相同的情况下，飞行所消耗的能量更少。此外，如果在地上行走，遇到障碍物时就必须绕道，但是在空中飞行的话，就只需按最短的直线距离移动，这进一步减少了能量消耗。有些昆虫体形很小，它们可以乘风去很远的地方，这样就更节能了。飞行能力与昆虫为被子植物授粉的行为息息相关，授粉行为确保昆虫有稳定的食物来源，进而增加了昆虫的数量，提高了昆虫的物种多样性水平。

昆虫有两种飞行方式：缓慢振翅飞行（如蜻蜓）和快速振翅飞行（如蜜蜂）。二者的区别是振翅的机制不同。

缓慢振翅的飞行方式

较为古老的昆虫（如蜻蜓、蝗虫、蟑螂等）飞行时，其振翅频率低于每秒 30 次（即 30 赫兹）。支配昆虫飞行动作的肌肉称为飞行肌。有些昆虫是通过飞行肌直接牵引翅使得翅振动，从而实现飞行的，这样的飞行肌叫直接飞行肌。

覆盖在昆虫背面的表皮叫背板，覆盖在昆虫腹面的表皮叫腹板，覆盖在昆虫身体左右两侧的表皮叫侧板。昆虫的翅位于胸部，翅的基部通过关节连接背板和侧板。关节是翅的支点，可以使翅上下振动。翅的基部位于昆虫的胸部内——此处附着使翅向上振的飞行肌，而在胸部外稍微远离关节的位置附着使翅向下振的飞行肌。这两种飞行肌都与腹板相连，它们功能不同，交替收缩，就能使翅上下振动。使飞行肌收缩的指令是由神经以电信号（神经脉冲）的形式发出的。肌肉每收缩一次都需要神经发出神经脉冲，即肌肉活动和神经活动是同步的，这样的肌肉被称为同步肌。

在通过缓慢振翅来飞行的昆虫中，振翅的肌肉既是直接飞行肌，也是同步肌。我们人类挥动手足时，肌肉也直接牵引骨骼，且肌肉活动和神经活动也是同步的。

快速振翅的飞行方式

苍蝇、蚊子、蜜蜂、甲虫等昆虫飞行时振翅频率较高，为 100 ~ 1000 赫兹。这种飞行方式很特别，与之相关的飞行肌也很特别。这类飞行肌具有以下 3 种不可思议的特质。

飞行肌不直接附着在翅膀上。通过快速振翅来飞行的昆虫的飞行肌并不直接牵拉翅使其上下振动，这些昆虫的飞行肌通过间接的方式牵拉翅膀，因此这种飞行肌称为间接飞行肌。

使翅向上振的肌肉叫背腹肌，它垂直于腹板，上连背板、下连腹板；使翅向下振的肌肉叫背纵肌，背纵肌位于胸部的背面，平行于腹板。背板的前端和后端会向身体内侧弯，背板就像一个拱形的盖子盖在胸部的体节上。背纵肌跨过整个背板的内侧，其前后两端分别附着在背板的前后两端。也就是说，使翅向上振的背腹肌和使翅向下振的背纵肌都没有与翅直接相连。如果我们沿头尾方向将昆虫切开（纵切），这两组作用相反的肌肉呈十字状交叉（图 2-7）。这真是不可思议，背腹肌和背纵肌究竟是怎样使翅振动的呢？

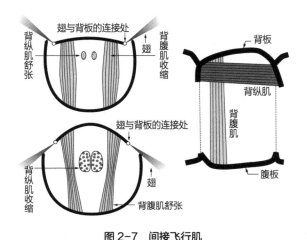

图 2-7　间接飞行肌

左图为昆虫胸部的横切面图，右图为昆虫胸部的纵切面图。

振翅速度极快。这类昆虫飞行时的振翅频率超过 100 赫兹，即它们每秒振翅的次数超过 100 次，因此肌肉每秒收缩和舒张的次数也超过 100 次，这大大超过了普通的肌肉收缩和舒张的频率的上限。昆虫的肌肉到底是怎么做到的呢？此外，肌肉收缩速度越快，肌肉所能释放的力就越小。按照这个规律，以每秒 100 多次的频率收缩肌肉应该会导致力量不足，但间接飞行肌却能完成飞行这种需要极大力量的活动。

神经脉冲的频次极低。间接飞行肌虽然能以很高的频率使昆虫的翅振动，但昆虫的脑只是偶尔才会发出"挥翅"的指令（即神经脉冲）。例如，昆虫每秒振翅 120 次，其脑部只发出了 3 次神经脉冲。肌肉活动和神经活动不同步，所以这种飞行肌被称为异步肌。

以上不可思议的特质都是昆虫为了飞行而演化出来的。

胸部的"弹簧"

　　在了解通过快速振翅来飞行的昆虫的飞行机制之前，我们先来了解一下日本的铁质油漆桶盖子（在日本，一些装饼干或茶叶的铁罐也用这种盖子）的结构（图2-8）。这种盖子的侧面是分开的爪，爪可以抓住铁桶或铁罐的开口，盖子的中央是鼓起的。要想打开盖子，就要将鼓起的部分向下按，"啪"的一声，鼓起的部分向下凹陷，抓住开口的爪就会松开，盖子就被打开了；想要将盖子盖上，只需要将盖子扣在开口上，将盖子侧面的爪向开口按，全部的爪会"啪"的一声将开口紧紧抓住，同时盖子的中央又会鼓起。这种盖子利用了金属的弹性（弹性体所具有的性质）。

关

开

背板

图2-8　铁质油漆桶盖子示意图

　　昆虫的背板是硬化的表皮，它也是弹性体。背板略微向上凸，背板的前后端向内弯，背板和上文提到的盖子形状十分相似，且工作原理也一样。我们如果用手指按铁质油漆桶盖子上鼓起的部分，盖子侧面的爪就会松开；在昆虫体内，连接腹板和背板的背腹肌起手指的作用——背腹肌收缩将背板向下拉，使得背板向下凹，背板的前后端会向外翘，即"爪"松开了，此时连接背板前后端的背纵肌舒张。相反，如果背纵肌收缩，"爪"就会被向内牵拉，背板会向上凸，此时连接腹板和背板的背腹肌舒张。因此，背纵肌和背腹肌发挥的作用相反。

翅的基部通过关节与背板的边缘相连，翅靠近基部的位置搭在侧板上——这里是支撑翅的支点（图 2-7）。背板被背腹肌拉动向下凹时，与背板相连的关节的位置低于侧板上的支点，使得翅膀能够向上振。当背纵肌收缩使背板向上凸起时，关节被向上拉，翅得以向下振。背板在两种形态之间的交替变换使翅上下振动，让蚊子和蜜蜂等昆虫能够飞行。

胸部 = 弹簧振子

我们已经解开了背腹肌和背纵肌如何使翅上下振动的谜题，那么现在来看看蜜蜂等昆虫是怎么做到以极高的频率振翅的。这与异步肌的特征有关。

为了理解异步肌的特别之处，我们必须先了解普通的肌肉。以我们人类为例。骨骼肌的收缩和舒张是由肌细胞内钙离子的浓度来控制的。肌细胞内含有含有钙离子的肌质网，当神经发出收缩的指令时，肌质网内的钙离子就会释放出来，肌细胞内钙离子的浓度就会上升，使得粗肌丝用"手"拉动细肌丝，引起肌肉收缩（图 2-6）。要想使肌肉舒张，则要将钙离子重新收回肌质网中。肌质网的膜上有能够吸收钙离子的泵，启动泵需要消耗能量，并且要想使钙离子的浓度降到肌球蛋白纤维拉不动肌动蛋白纤维的浓度，需要一定的时间。正是因为钙离子浓度的降低需要花费时间，所以我们人类不可能以 100 赫兹以上的频率反复使肌肉收缩和舒张。

但昆虫的异步肌与普通的肌肉不同。异步肌在收到神经脉冲后，肌细胞内的钙离子会在一定时间内保持一定的浓度。在这种情况下，异步肌表现出了一种特性，即肌肉被拉伸时会产生力量对抗拉伸，当拉伸的力量消减，对抗拉伸的力量也会消减。因此，异步肌就像弹簧一样，一旦被拉伸，就会试图恢复原状。我们可以将通过快速振翅来飞行的昆虫的胸部看成由硬化的表皮这种弹性体组成的"箱子"，"箱子"内部从上到下、从前到后分别被弹簧（即背腹肌和背纵肌）拉着。背腹肌收缩，"箱子"顶部被向下拉，使得"箱子"变扁并沿前后方向伸长，拉着"箱子"前后壁的弹簧（即背纵肌）被拉伸。由于异步肌的特性，被拉伸的背纵肌要恢复原状，会牵拉"箱子"的前后壁，于是，箱子的顶部又恢复到原来的位置，拉着箱子顶部和底部的弹簧（即背腹肌）又被拉伸……就这样，背腹肌和背纵肌不断在拉伸和收缩两种状态中来回变化，从而使昆虫的翅上下振动。

　　昆虫的胸部简直就像弹簧振子。弹簧振子由振子和轻质弹簧组成。如果我们拉动振子随即将其放开，振子会立刻开始振动，即使之后我们不再施加外力，振子依旧会遵循固定的周期振动。这个固定的周期称为共振周波数，振子的振动周期由弹簧的弹性系数与振子的质量决定。背腹肌、背纵肌和表皮就相当于弹簧，翅就相当于振子。只要肌肉受到一点儿刺激，翅就能自发地上下振动。

　　然而，弹簧振子只是一个理想化的物理模型，实际上，振子会受到空气阻力在内的各种各样的阻力，所以振子不可能永远保持振动的状态。同理，由于昆虫的肌细胞内钙离子无法一直保持较高的浓度，所以背腹肌和背纵肌无法一直受到刺激，翅无法持续振动。因此，昆虫要时不时发出神经脉冲刺激背腹肌和背纵肌，不过，昆虫发出神经脉冲的次数比振翅的次数要少得多。翅有一定的振动周期，各种昆虫都会按各自固有的共振周波数振翅（不过，肌细胞内钙离子的浓度发生变化，导致肌肉"弹簧"的"弹性系数"发生改变，昆虫的振翅周期也会发生改变）。

昆虫的胸部结构既可以使肌肉快速收缩和拉伸，又可以大大节省昆虫飞行所消耗的能量。当然，飞行肌不是弹簧，要想使飞行肌有类似弹簧的效果还是需要消耗一定能量的。但是，与同步肌相比，异步肌所消耗的能量要少得多。此外，由于昆虫无须一直改变细胞内钙离子的浓度，所以钙离子被吸收到肌质网内所消耗的能量也被节省了下来。仅消耗一点儿能量就能使身体动起来，没有比昆虫的运动系统更节能的系统了。特别是对昆虫这样体形小的动物来说，它们不可能随身携带大"油箱"，胸部的结构可以保证它们进行长距离的飞行，这是昆虫的又一优势。

翅小也能飞

相比鸟类，昆虫必须高频振翅才能飞行。一方面，昆虫的重量与体积成正比，与体长的三次方成正比；另一方面，使身体升到空中所需的力（即升力）与体长的四次方成正比。因此，生物体形越大，所需的升力就越大。鸟类不需要快速拍打翼就可以升空，而昆虫为了获得必要的升力，要么高频振翅，要么增大翅占身体的比例。有些昆虫借助异步肌增加振翅频率，这样的昆虫虽然翅小，但也可以飞行。此外，小翅受风的影响也小，并且使昆虫不易被捕食者发现，这些都是昆虫翅的优势。

处于不同分类系统中的昆虫都独立进化出了类似异步肌的肌肉结构。也就是说，不同种类的昆虫做出了相同的进化选择，由此可见，异步肌对昆虫来说是很适合的结构。

非凡的弹跳能力

无论是蝗虫还是跳蚤，都具有非凡的弹跳能力。据说大部分跳蚤的弹跳高度可以达到体长的几十倍。印鼠客蚤（体长 2.5 毫米）可以跳 50 厘米高，弹跳高度是体长的 200 倍。这样计算，它们应该是动物界的跳高冠军。尖胸沫蝉也是相当厉害的角色，虽然体长不到 1 厘米，但可以跳 70 厘米高（弹跳高度是体长的 70 多倍）。沙漠蝗虫的弹跳能力虽然无法与前面的昆虫相比，但是这种体长约 5 厘米的昆虫也能跳 25 厘米高（弹跳高度是体长的 5 倍）、近 1 米远（弹跳距离是体长的 20 倍左右）。

与昆虫相比，人类立定跳远（即不助跑的跳远）的世界纪录是 3.73 米，是人类平均身高的 2.2 倍左右。人类跳高的世界纪录是 2.45 米，高度不及人类平均身高的 1.5 倍。就距离而言，人类的弹跳距离比昆虫的远得多；但就弹跳距离与体长的比例而言，人类根本不及昆虫。动物在向上弹跳时受到的空气阻力与相对表面积成正比，动物体形越小，相对表面积就越大，动物受到的阻力也就越大，因此，昆虫应该不容易跳得高、跳得远，但是为什么昆虫具有非凡的弹跳能力呢？

昆虫不像我们人类单纯靠腿部肌肉收缩发力，蹬地起跳。昆虫的弹跳方式像玩弹弓。可以想象一下，我们玩弹弓的时候，橡皮筋慢慢地被拉长，力量逐渐积蓄到橡皮筋上，我们只要一松手，橡皮筋上的石子就会被弹射出去。比起直接用手抛掷石子，用弹弓可以将石子抛到更远的地方。昆虫肌肉的发力原理和用弹弓抛石子的一样。

跳蚤体内的"橡皮筋"是节肢弹性蛋白——一种富有弹性的特殊蛋白质。如果我们将节肢弹性蛋白从昆虫体内取出并揉成一团，从高处扔下去，这团节肢弹性蛋白能反弹到几乎相同的高度。节肢弹性蛋白产生的 97% 的弹性势能能够被转换为重力势能，这种蛋白质接近于完全弹性体。如此高性能的材料在工业中并不存在，科学家正在研究如何通过基因工程大量合成节肢弹性蛋白。

跳蚤在弹跳时使用后足，后足与胸部连接处的关节先被锁定，后足保持不动；然后，位于胸部的背腹肌收缩，使得胸部的表皮（这里有节肢弹性蛋白）变形，能量积蓄在表皮和节肢弹性蛋白中；最后，关节的锁定被解除，能量猛地通过后足释放出来，后足的端部蹬地弹起。

跳蚤翅的关节处也有节肢弹性蛋白，它也会在跳跃中发挥作用。

气管

飞行是极其剧烈的运动，会在短时间内消耗大量能量。ATP（三磷酸腺苷）是细胞生命活动所需能量的主要来源，但是，细胞基质中的 ATP 很少，所以，ATP 在被消耗掉后必须马上补充。ATP 大量存在于细胞内的线粒体中，线粒体用氧气"燃烧"糖产生 ATP。糖能够大量存在于细胞基质中，但氧气不能。因此，飞行肌这种大量消耗氧气的组织需要不断从外部获取氧气。

氧气获取与水分流失

我们人类通过肺吸入氧气，再利用血液循环将氧气输送到肌肉。肺中的支气管分成无数的细支气管，细支气管的末端膨大成囊，囊的四周有很多突出的囊泡，即肺泡。肺泡与空气接触的表面总是被水浸润着，氧气先被溶解在水中，然后再通过肺泡薄膜和与之接触的毛细血管壁进入血液。然而，如何时刻保持肺泡表面湿润是个大问题，因为干燥、新鲜的空气会不断进入肺中，导致肺泡表面不断失水，水分会随着呼吸流到体外。在寒冷的早晨，我们可以发现，我们呼出的气是白色的，白色的气中就存在凝结的水分。呼吸越急促，水分流失得就越多，因此如何减少呼吸带来的水分流失是陆地生物的一大难题。昆虫体形小、储存的水分少，还要在强烈的阳光下和干燥的空气中飞行，因此需要大量氧气，对它们来说，如何减少呼吸带来的水分流失是无论如何都必须解决的大问题。

　　于是，昆虫开发出了与人类所使用的完全不同的供氧系统，这套供氧系统基本上解决了上述问题。一般动物无论是输送营养物、氧气还是其他物质都是通过血管这条运输线，而昆虫不同，它们形成了专门运送空气的系统——气管系统（图2-9）。

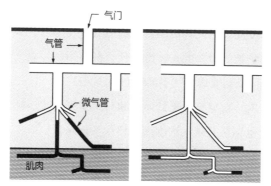

图2-9　肌肉不活动时（左）和肌肉活动时（右）昆虫的气管系统

肌肉活动时，微气管中的水（黑色部分）减少。

　　血管是运送血液（血液约90%是水）的管道，气管则是专门运送空气的管道。我们人类的身体里虽然也有名为气管的管道，但它们的功能只是用来将空气从口腔输送到肺部。昆虫的气管则从体表通到体内的各个细胞，气管可以直接向细胞输送氧气。气管通过位于体表的气门与外界连通，空气可以从气门进入。气门分布于昆虫身体两侧，从胸部到腹部的后端，胸部有 2 对气门，腹部有 8 对气门。气管在昆虫身体内部形成分支，即微气管，一般来说，微气管只到达细胞的表面。但是，在飞行肌这种需要大量氧气的组织中，微气管会进入肌细胞，到达线粒体附近。

人类通过血液输送氧气，心脏作为泵使血液流动起来（需要消耗能量），氧气随着血液被输送到各个组织中。但是在昆虫体内，氧气从气门通过气管到达细胞，是通过扩散完成的。氧气从高浓度的地方自然地向低浓度的地方移动，这就是扩散。氧气分子的移动速度与浓度梯度（即浓度差）成正比。消耗氧气的细胞一侧氧气浓度低，而与外界接触的气门一侧氧气浓度高，因此，借助极大的氧气浓度梯度，氧气自然、迅速地向昆虫体内扩散。重要的是，昆虫什么都不用做，氧气分子就可以移动，所以昆虫向细胞输送氧气不消耗能量。

在人类体内，在与肺相连的血管和与组织细胞（消耗氧气）相连的毛细血管之间也存在着氧气浓度差。那么按理来说，氧气也应该能自然地在血管中扩散，到达细胞，那么人类就没有必要通过心脏泵血将氧气输送到细胞里了。事实并非如此。氧气在水中扩散的速度极慢，耗费的时间是氧气在空中扩散的 1 万倍。要想在血液中通过扩散来运送氧气，氧气就会花费过多的时间才能到达细胞，氧气的输送速度无法满足细胞的需求，因此人类无论如何都要消耗能量来使心脏跳动，通过血液循环来输送氧气。

气管中的水分不易流失

前文提到，人体内的水分会随着呼吸流到体外。昆虫的气管极细，如同渔网的线一样交错，通往身体各处，水分会不会顺着气管流失呢？

昆虫很好地解决了这个问题。昆虫的气管壁实际上与其体表一样，被表皮覆盖着，水分不会从这里流失。

没有被表皮覆盖的只有微气管壁，虽然水分会从这里流失，但昆虫为了尽可能地减少水分流失还是下了一番功夫，主要体现为下面两点。

微气管的直径。微气管的直径为 0.2 微米，这个数字是有意义的，它是氧气分子的平均自由程的 2 倍。平均自由程指的是随机移动的分子与相邻分子碰撞时移动的平均距离。如果微气管的直径与氧气分子的平均自由程相同，氧气分子就会经常碰到管壁，无法在微气管内自由扩散。如果微气管的直径是氧气分子的平均自由程的 2 倍，氧气分子就不容易受管壁干扰，而根据浓度梯度扩散。如果细胞消耗大量氧气，那么细胞内和体外之间的氧气浓度梯度非常大，在体外自由运动的氧气分子就会不断地进入细胞。与此同时，水分也会因扩散而流出，但即使在特别干燥的环境中，昆虫体内外水分的浓度梯度也不会过大，因此昆虫在扩散作用下流失的水分是可控的。

如果昆虫的微气管直径大于 0.2 微米，就会导致管内的空气易于随昆虫的运动而流动，水分在空气流动的过程中流失的概率更高。0.2 微米的直径是绝妙的，这使得氧气能更好地在昆虫的微气管内扩散，水分却很难出去。

微气管内的水。微气管壁没有被表皮覆盖，水分有可能通过微气管壁流失，因此，昆虫使微气管充满了水（图 2-9）来防止水分穿过微气管壁大量流失。微气管中的水分仅在极为狭窄的空间与空气接触，产生水分流失的表面积极小。虽然这是令人十分称道的机制，但是，微气管的空间过于狭窄，导致溶于水中的氧气的量很少，所以气管系统虽然节水，但作为供氧系统是不合格的。

不过，微气管里面藏有玄机。当肌肉剧烈收缩的时候，肌细胞内的代谢物就会不断堆积，肌细胞内的渗透压就会上升。这样一来，微气管内的水分就会自动流到细胞内，空气得以进入微气管的前端，空气与细胞的接触面积变大。我在前面提到，微气管会进入肌细胞，到达线粒体附近。所以，空气直接被输送给线粒体。氧气在气体中的扩散速度要比在液体中的快得多，因此，氧气能够在短时间内被输送给线粒体。当然，这时会有水分会从细胞内流到微气管，但这种情况只发生在昆虫大量使用氧气的时候，即肌肉剧烈收缩的时候，水分不会流失太多。

气管系统既不会使水分大量流失又能高效地输送氧气。这套系统无论是在昆虫称霸陆地时，还是在它们称霸天空时，都起到了极其重要的作用。气管系统也和异步肌一样，分别在不同分类系统中的昆虫身上独立进化，最后这些昆虫都做出了相同的选择。

体形大小

动物的祖先在海里生活了30多亿年，在4亿5000万年前才上岸，但成功上岸的动物极其有限，昆虫就是其中之一。

上岸并不是容易的事。最大的困难还是水。生物体内60% ~ 80%是水，细胞内85%是水。各种生化反应都在水中发生，生物通过生化反应来维持生命。如果没有水，生化反应就无法进行，生物也就无法生存。

因此，在判断其他天体是否存在与地球生命相似的生命形式时，科学家要先调查天体是否存在液态水。地球是水的星球，生命在海洋这个充满水的环境中诞生，所以生物的细胞中也充满了水（如血液等）。无论是人类还是昆虫，在上岸后体内都保持着较高的水含量。无论是栖息于水中的生物，还是栖息于陆地的生物，体内都充满了水。

在海里生活时，生物获取水轻而易举，但生物上岸后如何获取水就是个大问题了。此外，生物得到水之后如何保持水分也是个大问题，因为空气很干燥，水分会从体内不断蒸发出去，体内的水很快就会耗尽。一旦体内缺水，生化反应就无法进行，生物也就无法存活。

对体形小的生物来说，干燥是个尤为棘手的问题（参见下面的专栏）。昆虫这种小型动物能在陆地存活是因为它的表皮。外表皮有严密的蜡层，由于昆虫整个身体都被疏水的材料覆盖，所以水分很难从体内蒸发出去。正是由于表皮，昆虫有了"节水型"身体。

体形大小与干燥程度

假设动物为球形，直径为 d。

表面积的计算公式：$S = \pi d^2$

体积的计算公式：$V = \pi d^3/6$

相对表面积（单位体积的表面积）的计算公式：

$S/V = (\pi d^2) \div (\pi d^3/6) = 6/d$

球的表面积与直径的平方成正比，体积与直径的三次方成正比。通过计算我们得出，相对表面积与直径成反比。也就是说，动物体形越小，相对表面积就越大。

动物的体形（即体积）与身体的含水量成正比，相对表面积与水的蒸发量成正比（生物体内的水通过体表蒸发）。因此，小型动物储水量很少，但水的蒸发量相对较大，体内水分更容易流失。这些"小家伙"在陆地上生活竟然有这么多的困难。

如果说起活跃在陆地上的小型动物，除了昆虫外，我们能想到的就是像蜗牛这样的软体动物了。软体动物也是用硬壳覆盖身体的动物。但是，蜗牛活动的时候，身体的大部分都伸出壳外，很容易干燥，因此蜗牛等软体动物只能在湿度高的环境中活动。在晴朗干燥的日子里，它们就会钻到壳里并紧闭壳口躲起来。此外，蚯蚓等环节动物虽然生活在土壤中，但是土壤含有相当多的水，一直处于半湿润的状态，所以蚯蚓根本不用担心失水。

因此，在干燥的陆地上也能保持活跃状态的小型动物只有昆虫。爬行动物、鸟类、哺乳动物（它们都是脊椎动物）虽然也在陆地上取得了成功，但都体形较大。昆虫克服了体形小的劣势，成了陆地上的王者，其成功的关键就是表皮。

小型动物有容易失水的不利一面，但也有好的一面——体形越小的动物，数量就越多。

这一规律不止针对动物，世间万物都遵循这一规律。举个例子。在地球上，像珠穆朗玛峰那么高的"凸起"只有一个，但2～3千米高的"凸起"仅在日本就有300个以上。"凸起"越低，数量就越多，如果是沙粒大小的"凸起"，在地球上则不计其数。

体形大的动物的生长发育需要大量的资源，地球无法"养育"那么多的大型动物。

从进化史来看，小型动物从出生长到可以繁育的阶段不需要很长时间，因此种类和数量更多，理由如下。

1. 体形小的生物世代交替的时间短，容易产生变异。

2. 体形小的生物对外界环境变化的承受能力弱，会随着变异不断被淘汰。与外界环境接触的是体表，相对表面积较大的小型动物受环境的影响更大，更容易因环境变化而死亡。也就是说，因为昆虫体形小且数量多，变异个体就会不断出现，不断死亡，更容易产生具有生存优势的变异个体。

3. 体形小的生物的种群活动范围小，更容易与其他种群形成生殖隔离，具有生存优势的变异个体的变异基因就更容易留下来。

4. 体形小的生物只需少量的食物就能生存下去。

综上所述，昆虫能够发展出极多的种类并拥有大量个体数与体形小有很大的关系。

与被子植物协同进化

昆虫种类多还有一个原因——与被子植物共生。这也和昆虫体形小有关。被子植物是能开出漂亮花朵的植物，是陆地植物中演化最成功的，也是种类最多的。

被子植物的漂亮花朵可以吸引昆虫来帮助其授粉。为了进行有性生殖，被子植物必须将花粉送到雌蕊那里。但是植物不能动，它们只能依赖昆虫搬运花粉。作为谢礼，植物会将一点儿花蜜和花粉送给昆虫，作为它们的食物。漂亮的花瓣是被子植物在向昆虫宣示"这里有花！"。为了让昆虫从远处也能看到花，被子植物使花瓣变得扁平来增加表面积，还给花瓣"涂"上醒目的颜色。昆虫作为传粉者是最合适的，原因有二：其一，昆虫能飞，具有运送花粉的能力，即使是位于高处枝头上的花，昆虫也能轻松到达；其二，昆虫体形很小，少量的谢礼——一点儿花蜜和花粉就能满足昆虫的需求。

不过，并非所有昆虫都能给植物传粉。植物只要开花就会招来很多昆虫，但有些昆虫只是在花间漫步，吃饱了就走，很难把花粉传到对的植物那里。如果植物和喜欢自己的花的昆虫建立紧密的关系，那么植物授粉的成功率就会提高。

有些植物没有特定的传粉昆虫，任何"搬运工"都可以"运送"花粉，但有特定的一种或几种传粉昆虫的植物比较多。不挑选"搬运工"的植物的花一般较小且不醒目，而且能给予传粉昆虫的回报也少。这就导致传粉效率低，植物结实率非常低。为了能够留住特定的传粉昆虫，植物对自己的花型进行了特殊"处理"，这样结实率就会明显提高。例如，依赖蝴蝶传粉的植物的花一般有着细长的管状花冠，如果不是像蝴蝶这样长着长长口器的昆虫，就无法吃到深处的花蜜和花粉。

物种多样性水平高的原因

植物为了给特定的昆虫提供花蜜和花粉而不断演化，昆虫为了高效采集花蜜和花粉也在不断演化，通过协同进化，被子植物和昆虫的物种多样性水平都得到了提高。昆虫的物种数量占所有动物物种数量的七成以上，在能够进行光合作用的生物中有七成是被子植物。昆虫和被子植物惊人的物种多样性水平是二者协同进化的结果。

　　被子植物和昆虫的共生关系提高了二者的物种多样性水平，这是在陆地才有可能发生的事情。水生藻类的雄性配子（相当于精子）可以在水中游动，雌性配子（相当于卵细胞）虽然不会游动，但能顺着水漂流，与雄性配子相遇并受精。因为可以随着水漂到相对较远的地方，所以藻类没必要请传粉者来帮忙传递配子。但是在陆地上，藻类的繁殖方式就不适用了，不仅因为雄性配子的移动需要水，而且因为雄性配子体积小，在陆地上更容易干燥失活。生活在陆地的蕨类也会通过雌雄配子结合来繁殖，但受精仅发生在被雨淋湿的时候，雄性配子移动的距离也很短，蕨类的繁殖受到的限制较大。为了打破雄性配子带来的繁殖限制，被子植物演化出耐干燥的花粉，花粉可以被风和昆虫带走并到达很远的地方。当花粉到达雌蕊时，就会在潮湿的雌蕊中产生雄性配子并使雌性配子受精。被子植物为了传播花粉才演化出了靠昆虫传粉的方式，这种方式却意外地提高了昆虫和被子植物的物种多样性水平。

　　多种多样的昆虫之所以得以进化，是因为它们可以上岸，而使它们上岸成为可能的是表皮。昆虫上岸后，无论是它们演化出翅得以称霸天空，还是它们成为花粉的"搬运工"并与被子植物协同进化，都与表皮有关。可以说，昆虫的成功与表皮是分不开的。

蜕皮

　　表皮覆盖了昆虫的整个身体，所以昆虫很安全，它们体内的水分不容易流失。此外，用合成表皮的"复合材料"合成的翅和足增强了昆虫的运动能力，这些都是表皮的优点，但表皮也带来了问题：因为整个身体都被没有延展性的表皮（即外壳）包裹住，所以昆虫的身体难以变大。

要想身体继续变大，昆虫就要蜕去对其来说较小的外壳，并生成更大的外壳，这个过程就是蜕皮。为了制造新的外壳，昆虫不仅需要花费时间和能量，还要有一段时间处于没有外壳保护的状态，这段时间对昆虫来说是非常危险的。

除此之外，蜕皮本身是极其危险的事情。蜕皮时，昆虫要将覆盖在气管壁上的表皮一起蜕掉。你如果观察过蝉蜕下的壳，就会发现覆盖在伸入蝉体内的纤细的气管上的表皮也同外壳一起被蜕掉了。不仅是覆盖在气管壁上的表皮，就连覆盖在位于深处的消化管上的表皮也被蜕掉了。昆虫的肠道分为前肠、中肠、后肠 3 个部分，靠近肠道前后出口的前肠和后肠表面都覆盖着表皮——这也是为了防止水分流失，这部分表皮也要随着昆虫蜕皮蜕掉。

气管和消化管十分纤细，要想将覆盖其上的表皮完全蜕下就需要高超的技巧，所以有不少昆虫失败了——只要有一处表皮蜕不下来就万事休矣。昆虫在蜕皮过程中死亡的情况很多。用坚硬严密的表皮包裹身体虽然给昆虫带来了不少益处，但让它们不得不冒着蜕皮的危险长大。节肢动物都会蜕皮，蜕皮对虾和蟹等甲壳动物来说都是大问题（但蟹没有气管，所以蟹蜕皮时并不那么危险）。拥有外骨骼的动物都面临着蜕皮的问题，下一章我们将讨论贝类是如何应对这个问题的。

昆虫的进化和变态

昆虫在反复蜕皮中成长。昆虫由卵孵化为一龄幼虫，然后通过蜕皮变为二龄幼虫，再通过蜕皮变为三龄幼虫……通过最后一次蜕皮变为成虫。很多昆虫在幼虫期没有翅。在幼虫期的最后阶段，昆虫要化蛹，经过变态最终变成有翅的成虫。

昆虫与甲壳动物（如虾、蟹）有近缘关系，昆虫被认为是由甲壳动物进化而来的。受鸟类是由爬行动物进化而来的观点的影响，出现了"鸟类是在空中飞行的爬行动物"的说法。照此说法，昆虫就是在空中飞行的甲壳动物。不过，刚上岸时的昆虫没有翅膀，就像现在的无翅昆虫。泥盆纪（4亿2000万年前～3亿6000万年前）早期的弹尾目化石是最古老的昆虫化石，也是最古老的陆地动物化石。无翅昆虫的幼虫虽小，但外形与成虫一模一样。无翅昆虫一边蜕皮一边成长，不会经历变态，它们的物种数量极少。几乎所有昆虫都是有翅昆虫（幼虫无翅、成虫有翅），从幼虫变为成虫的过程就是变态。

昆虫的变态分为不完全变态和完全变态。会发生不完全变态的昆虫有蝗虫、蜻蜓、蟑螂、蜉等，其幼虫的外形与成虫的较为相似，这些昆虫不会化蛹。在进化史上，会发生完全变态的昆虫是新近出现的。会发生完全变态的昆虫的成虫和幼虫在形态、生理特征和生活习性方面极为不同。这类昆虫会经历从幼虫变为成虫的过渡期，在这一时期，幼虫会化蛹且完全不运动。蚊子和苍蝇（双翅类）、蜜蜂和蚂蚁（膜翅类）、蝴蝶和飞蛾（鳞翅类）、独角仙（鞘翅类）等都会发生完全变态。会发生完全变态的昆虫的物种数量竟然占了昆虫总物种数量的83%。也就是说，不仅是在昆虫中，甚至在所有生物中，会发生完全变态的昆虫都是最为繁荣的生物类群。

昆虫翅的来源与鸟类翼的来源是不同的。鸟类的翼由前肢演化而来，而昆虫的翅是由胸部背板向两侧伸展而成的结构，翅的构造与体壁的构造相似。翅作为飞行器官不太可能是突然出现的，翅原本可能是昆虫出于某种目的而演化出的从体壁伸出的薄板状物，然后这个薄板状物在演化过程中具有了飞行功能。有一种说法是，昆虫最早通过薄板状物来收集太阳光以温暖身体，控制薄板状物合成的附肢基因突然变异，从而产生了可振动的翅。关于昆虫的翅的演化有各种各样的猜测。

幼虫期与成虫期——两个不同的时期

无论是昆虫觅食时还是躲避危险时，翅都发挥着重要作用。"翅这么有用，那为什么幼虫没有翅呢？体形小的蚊子可以飞来飞去，因此飞行能力与体形无关。"——应该有不少人会这么想吧？我们人类在生长发育过程中不会发生变态，从小到大，我们的形态、生理特征等都不会发生大的变化，我们基本在同样的环境中日复一日地生活。昆虫能取得成功，不仅仅是因为它们能够在空中飞行，还因为昆虫能以不同的形态在不同的环境中生存。

很多会飞的昆虫的幼虫吃植物的叶片，而成虫吸食花蜜和树液。例如，青凤蝶的幼虫吃樟树的叶片，成虫却不吃叶片，以吸食各类植物花的花蜜为生。独角仙的幼虫生活在地下并以朽木和落叶为食，成虫以树液为食。蚊子的幼虫（孑孓）以水底或漂浮在水中的有机物或微生物（如细菌）为食，成虫则吸食花蜜、果汁或动物的血。

与叶片相比，花蜜绝对是更优质的食物。花蜜是浓稠的液体，富含蔗糖，蔗糖由葡萄糖和果糖组成，两者都可以作为"燃料"供昆虫使用。但是，叶片吃起来很费事，植物细胞都被坚硬的细胞壁包裹着。细胞壁富含纤维素和木质素，无论是纤维素还是木质素，动物都无法通过酶来分解。动物只能通过咀嚼破坏植物细胞的细胞壁，获取细胞中的营养。

为了使纤维素能被分解，动物需要肠道中微生物的协助，但微生物分解纤维素需要花费时间。植食性动物为了能更好地从食物中获取能量，通常有很长的肠道，并且要花很长时间来消化食物（这一点我将在第七章详细介绍）。而且由于植物的营养价值较低，植食性动物必须吃大量植物才能满足身体对营养的需求，因此它们的胃肠道的消化负担一直很重。此外，咬碎叶片需要坚硬的牙齿和有力的下颌，与咀嚼相关的肌肉也要足够强壮，消化大量植物需要大容量的胃和很长的肠道，摄取的食物的量也需要很多，这一切导致植食性动物的身体十分沉重。

为了飞行，动物的身体要尽可能地轻。不只是身体，动物随身"携带"的为飞行提供能量的"燃料"也要轻。叶片肯定无法满足这些要求。

通常来说，叶片很容易获得，但花有固定的花期；叶片很多，但花很少（比较一株植物花和叶子的数量就知道了）。因此，昆虫的一生被划分为两个时期，一个是一味地吃大量叶片长大的幼虫期，另一个是吸食花蜜等飞来飞去的成虫期。

例如，菜粉蝶的幼虫以卷心菜等十字花科植物为食。十字花科植物含有黑芥子苷，这种物质在酶的作用下会生成芥子油，芥子油有刺激性，很少有昆虫会吃十字花科植物的叶片，因此不会有其他昆虫和菜粉蝶的幼虫争夺食物。只要亲代菜粉蝶找到卷心菜并产卵，幼虫就可以安心地吃卷心菜的叶片逐渐成长。由于幼虫体形小，一株植物足以满足它们的生长需求。幼虫不需要到处觅食，被天敌发现的概率低，因此即使挺着肚子慢悠悠地移动也没关系。

吃得饱饱的→经过变态长出翅飞来飞去→寻找交配对象→为子代寻找食物并产卵——这就是昆虫的一生，因此昆虫的成虫期不需要太长。

变成成虫后完全不进食的昆虫也不在少数。

因为植物不能动，所以会开出漂亮的花，产出香甜的花蜜来吸引昆虫，让昆虫帮助自己传粉。传粉完成后，花朵就会凋谢。花的生命很短暂，昆虫的生命也很短暂，但被子植物和昆虫的共生关系使二者的物种多样性水平都得到了极大的提高。

第三章

软体动物门: 贝壳为什么呈螺旋状?

这一章, 我主要介绍软体动物 (贝类)。在动物界, 软体动物的物种数量仅次于节肢动物的, 并且和节肢动物一样, 软体动物也有外骨骼。外骨骼与软体动物的繁荣有极大的关系。

现在, 科学家已经发现了10多万种软体动物, 还发现了众多软体动物的化石。因为软体动物有漂亮的石灰质壳, 所以软体动物的壳很容易作为化石留存下来。在世界各地都出土了很多菊石 (乌贼的同类) 的化石, 它们可以作为科学家推测包含该化石的地层是何时沉积的证据。

被薄薄的石灰质壳覆盖是软体动物的特征, 软体动物主要依据壳的形态来分类。

基于"共同祖先"的假设

软体动物种类繁多，我们假设软体动物有共同祖先，它们的祖先发生了各种各样的特化，形成了多样化的软体动物类群。实际上，动物的进化绝非如此简单，但这样的假设能帮助我们理解软体动物的基本特征。我们暂且将软体动物的祖先称为一般软体动物，一般软体动物和现存的软体动物拥有共性。但是，由于无板类和多板类与其他软体动物有很大的不同，所以我们要将前两者与其他的软体动物分开考虑。

一般软体动物的特征

一般软体动物住在岩石上，通过刮取生长在岩石上的藻类获取食物。在岩石表面还有生物膜（菌膜），这是细菌等微生物在繁殖过程中由自身分泌的高分子黏液形成的。一般软体动物会把生物膜和藻类甚至连同下面的岩石都刮下来吃掉。一般软体动物（图 3-1）的特征如下。

1. 背侧有用以保护自身的壳。

2. 腹侧扁平，足十分宽厚。

3. 内脏团位于足与壳之间，消化管横贯身体前后。口位于体前端，口内有特别的摄食器官——齿舌。眼和触角等感觉器官也都位于体前端。

4. 内脏团的背面被外套膜覆盖，外套膜会向上分泌壳。外套膜向外延伸，与内脏团之间形成空腔（即外套腔），空腔里有突出的鳃。

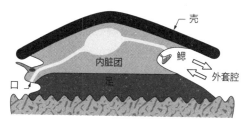

图 3-1　一般软体动物的示意图

外套腔内的箭头方向表示水流方向。

接下来，我将对一般软体动物的重要身体部位进行大致介绍。

壳。壳是向上微凸的石灰质板，有点儿像扁扁的斗笠。壳覆盖在一般软体动物的整个背侧。一般软体动物遭遇天敌时，会将壳向下拉，使壳的边缘压在岩石上，不留一丝缝隙，以保护整个身体。壳由外套膜分泌，主要成分是碳酸钙。外套腔是向外开放的，海水可以自由进出外套腔。肛门和肾管（产生含氮代谢物——也就是尿液——的器官）的排出管道也在外套腔内。

足。一般软体动物待在岩石上，它们的腹侧不会受到攻击，加之背侧有壳，那么一般软体动物的防御应该是完美无缺的。但前提是一般软体动物一直待在岩石上，如果它们被鱼、鸟等捕食者从岩石上剥下来，那就万事休矣。此外，一般软体动物如果被水冲得翻转过来，那么将被扁平、坚硬的壳覆盖着的身体再翻转过来就需要很长时间，在此期间，软软的、毫无防御能力的腹侧会一直暴露在外，这是极其危险的。并且，一般软体动物喜欢待在水浅且岩石较多的地方，这种地方海浪很大，因此它们被海浪冲翻的可能性很高。

一般软体动物为什么喜欢待在水浅的地方？因为那里有很多藻类。阳光会被海水吸收，海水越深光就越弱，藻类就越难生长。因此，食物丰富的浅滩一定是软体动物祖先喜欢的地方。但是，水浅的地方海浪很大，一般软体动物如果不以相当大的力量紧紧地贴在岩石上，就会被冲下岩石，甚至被冲走。为了避免这种情况的发生，一般软体动物可以像藤壶一样分泌生物胶将壳固定在岩石上，但这样的话，一般软体动物就无法动弹，也就无法摄食藻类了。

因此，一般软体动物必须既能牢牢地粘在岩石上，又可以在必要时行走。一般软体动物的足恰好同时满足这两个要求。在我们的印象中，足应该只能用来行走或奔跑。在海洋中，由于浮力的作用，海洋生物很容易漂浮起来，并且在有水流的地方还有被冲走的危险。因此，对用足在海底移动的底栖动物来说，足固定身体的作用极为重要。足有发达的肌肉是为了牢牢吸附在岩石上，而非为了跑得快。鲍鱼最有嚼劲的部位就是足。

齿舌。岩石表面凸凹不平，生长着微小的藻类。我们人类如果想要食用这些藻类，只能用牙齿将长在岩石突出部分的藻类刮下来。但是，一般软体动物有齿舌这样特别的摄食器官，齿舌可以紧贴在藻类的表面，把藻类甚至连同下面的岩石一起刮下来。

齿舌呈带状，看起来有点儿像擦丝器的刀片，上面生有很多微小的齿（图 3-2）。有的螺类的齿舌只有 1.2 毫米宽，但长度却是宽度的 10 倍。在如此窄的齿舌上，50 枚齿排成一行，排满了整个齿舌。齿舌藏在口的底部，被名为舌突起的软骨支撑着。齿舌上的齿由几丁质和经过酿硬化的蛋白质构成，非常坚硬，有的齿还盖着"铁帽"（高度矿化的齿，主要成分是四氧化三铁）。在啃食藻类时，一般软体动物会将舌突起从口中伸出，将布满齿的齿舌压在藻类上并前后滑动齿舌，将藻类刮下来。这样的摄食方式很容易使齿磨损，但齿的更新速度很快，新的齿很快就会长出来，替换磨损的齿。例如，蜗牛一天内就会更新 3 ~ 4 行齿。

图 3-2　齿舌

图中黑色小点标记的部分是舌突起。

鳃。一般软体动物身体的上面和侧面被石灰质壳覆盖，身体的下面则是岩石（含大量石灰质）。也就是说，一般软体动物的身体被壳和岩石包裹得严严实实，甚至氧气都无法进入它们的身体。于是，它们主动将外界新鲜的海水引入体内，使海水流经鳃进行呼吸。

　　负责将海水引入一般软体动物体内的是纤毛。纤毛是从细胞上生出的细小的毛。一般软体动物通过前后振动纤毛来拨动海水（这会消耗能量）。纤毛又短又细，长 1/100 毫米，直径为长度的 1/50（是人类头发直径的 1/400）。软体动物的鳃的表面排列着长有很多纤毛的细胞，这些纤毛一齐拨动海水，就能引起强大的水流。海水从一般软体动物的后下方流入体内，经过鳃，再从上后方被排出体外。随着海水一起排出的还有粪和尿，被吸入的水不仅用于呼吸，还像抽水马桶中的水一样带走排泄物。

扁平的身体带来的问题

　　简单来说，一般软体动物就是身体上面覆盖着硬壳、身体扁平的动物。实际上，扁平的身体隐藏着很多问题。

　　表面积大。身体扁平意味着动物的相对表面积大，这就会导致动物容易被捕食者发现。此外，表面积大的动物容易受到海浪的影响（因为阻力与受力面积成正比），这一问题在潮间带这种海浪大的地方尤其严重。在潮间带退潮时，动物身体暴露在空气中，失水的危险本就很大；而且由于受阳光直射的面积大，炙热的阳光会使动物体温升高，加快体内水分蒸发，动物因此有被"烤熟"的危险。

　　身体各部分之间的距离远。扁平的身体使得身体各部分之间的距离更远，营养输送和信息传递的总距离必然更长，这导致血管和神经更长，营养输送和信息传递所需的时间和耗费的能量都更多，效率也更低，这是很危险的。因为如果动物身体一端被捕食者啃食，而危险信号要花很长时间才能传递到另一端，就会导致动物无法立即进入防御状态。

不过，扁平的身体也有其有利之处。动物无须做什么，只要利用宽大的表面就可以吸收氧气，还可以从体表大量吸收溶解在水中的有机物。（不过，被壳包裹的一般软体动物无法发挥这两个优点）。

扁平的壳带来的问题

那么像一般软体动物这样，扁平的身体上覆盖着扁平的壳会怎么样呢？扁平的壳又增加了一个问题。这个问题在体形较大的动物上体现得尤为明显。通常来说，体形越大生物就越有优势，在生物进化史中，生物体形由小到大演化的例子有很多。

越大越好

纵观生物进化史，生物经历了从原核生物（单细胞生物）到真核单细胞生物，再到真核多细胞生物的演化过程。在真核多细胞生物出现后，越靠后出现的生物，体形就越大。这是因为体形大有以下优点。

增加功能。为了生存下去，任何动物都必须有维持生命的"装备"，容纳这些"装备"需要空间。体形小，容纳"装备"的空间就小；体形大，容纳"装备"的空间就大。体形大的话，一些"装备"就可以变大，比如胃可以变大，使得动物可以吃更多的食物，为身体储备更多的营养；再比如脑可以变大，使得动物可以用更好的策略防御天敌。

动物体形小的话，体内的空间就会成为限制因素，再厉害的功能也只能舍弃。动物要想增加新的功能，就需要增加相应的"装备"（比如新的蛋白质），就需要扩大体内的空间，那么使身体变大就是必然选择。（就像

管理企业，要想展开新的业务就要开辟新的部门，就要为这个部门准备新的办公室。）

不容易被吃掉。捕食者通常只吃比自己小得多的食物（食物的重量通常是捕食者重量的 1/10 左右）。

保持稳定性。动物体形越小，相对表面积就越大，因此就越容易受到外界的影响，动物的体内环境就不容易保持稳定。例如，气温稍有变化，动物的体温就会随之改变；海水的盐度稍有变化，动物体液的浓度马上就会发生改变。身体的正常运转需要体内一直存在活跃的化学反应。一方面，温度对化学反应的影响很大；另一方面，体内发生化学反应需要酶，酶的活性又受到体液盐度的影响。所以，保持体内环境稳定相当重要，但如果动物体形太小，体内环境就很难保持稳定。

从进化史来看，现存动物的祖先大都体形较小（就连我们灵长类的祖先体形也只有松鼠大小）。综上所述，体形较小的动物发生特化，并产生多样化的、体形较大的后代，可以说是理所当然的事情。

不过，前面我列举了体形大的许多优点，其实体形小也有优点。体形小的优点之一就是生物更容易繁衍后代。

有研究表明，软体动物的祖先体形并不大，后来随着进化体形越来越大。那么，有扁平的身体和扁平的壳的软体动物的祖先在向更大体形的动物进化时，会出现什么问题呢？

壳越大越脆弱。同样厚度的板子，面积越大的就越容易弯曲。我们如果将一块板子的两端固定，只要用很小的力将板子的中央向下按，就可以让板子发生大的变形（根据杠杆原理），进而出现裂纹，并且裂纹会传导、扩大。此外，板子因受力而出现的裂纹的数量与板子的面积成正比。板子面积越大，在受力情况下出现的裂纹就越多。在传导作用下，裂纹进一步扩大，导致板子彻底损坏。我们可以将软体动物的壳与板子进行类比：壳越大，就越容易因受到外力而损坏，身体内部就越容易被压坏；此外，壳越大，壳上的裂纹就越多且越容易扩大，壳损坏的概率也就越大。

如果为了避免发生上述情况而把壳加厚，壳就会变重，壳占身体的比例就会越来越大。相比身体较为立体的有壳动物，身体扁平的有壳动物的壳更大，壳占身体的比例更大。而且，随着壳变厚，动物几乎只剩下骨骼了（因为壳就是骨骼），这并不利于生物的生存。

合适的居所有限。拥有扁平且无法变形的身体就意味着，动物只能待在开阔平坦的地方；如果动物待在凹凸不平的岩石上，扁平的身体就无法紧贴岩石从而与岩石之间产生缝隙，其他动物通过缝隙攻击它们的可能性就越大。此外，因为身体不能牢牢地粘在岩石上，所以动物更容易被海浪或捕食者从岩石上剥离，这是极其危险的事。然而，想要找到与体形相匹配的、开阔平坦的岩石场并不容易。因此，有扁平壳的动物随着长大，会越来越难以找到安全的居所。

将扁平的壳分成几块

如果将壳分成几片壳板并用关节将它们连起来，扁平的壳带来的问题就解决了。一方面，单片壳板更小，因而更不容易损坏；另一方面，关节使得壳可以旋转、弯曲（你可以想象卷帘门）。壳板像瓦片或甲胄的甲片一样一片压一片地叠放，壳板与壳板通过关节相互铰合在一起。壳板越多、越小，软体动物就越容易变形（你可以想象锁子甲），从而有更多可以选择的居所。

石鳖（多板类）的壳由 8 片 V 字形的壳板组成，8 片壳板呈覆瓦状排列，覆盖着石鳖的椭圆形身体（图 3-3）。一旦石鳖从岩石上被剥下来，它们就会像木虱一样缩成一团，使壳朝外来保护没有壳覆盖的腹侧。

壳板

图 3-3　石鳖

左侧是头部，鳃（即图中像叶子一样的结构）位于身体两侧。

事实上，"石鳖的壳是从完整的、扁平的壳进化而来的"这种说法并没有得到广泛认同，我们不能用石鳖来证明"由于身体变大，软体动物会将完整、扁平的单壳分成多片壳板"这一观点的正确性。

软体动物的进化

在此，我想说一说软体动物的进化。软体动物可能是环节动物（如蚯蚓、沙蚕）的近亲，因为研究发现，这两类动物在个体从卵发育成成体的过程中存在共通之处，比如它们都会出现螺旋状卵裂、都存在担轮幼虫期。环节动物因细长的身体由像手环一样窄的体节连接而成而得名。体节之间有隔膜，每个体节结构相同，都有排泄器官、神经节、足，是独立性相当高的结构单元。

有些多板类（如石鳖）和单板类同环节动物一样，身体有重复的结构单元，这也被认为是软体动物与环节动物存在近缘关系的依据（近年来，越来越多的人支持"软体动物的重复结构单元与环节动物的体节并没有直接关系"这一观点，但早期的软体动物具有重复的结构单元，这一点毋庸置疑）。

一些研究者认为软体动物真正的祖先没有壳，且具有重复的结构单元，外形有点儿像蚯蚓。毛皮贝（无板类）没有壳，体长从几毫米到几厘米不等，形如蚯蚓，但不具有重复的结构单元——毛皮贝与研究者认为的软体动物的祖先外形相似。毛皮贝有时潜入海底泥沙中，有时出现在珊瑚礁中（毛皮贝以珊瑚为食）。毛皮贝简直就是软体动物祖先的"活化石"。但是，由于毛皮贝与石鳖也存在共同点，所以也有一些研究者认为毛皮贝原来是有壳的，只是在进化过程中失去了壳。也就是说，毛皮贝究竟是不是最古老的软体动物还无法确定。不过，无论是石鳖还是毛皮贝都与其他纲的软体动物的形态截然不同，因此很多人坚持认为石鳖和毛皮贝是更古老的动物，但这并不代表其他的软体动物都是由它们进化而来的。

单板类被认为是最接近一般软体动物的动物。很早以前人们就发现了蝶贝的化石。蝶贝是生活在寒武纪的一种单板类，只有一枚壳。并且值得一提的是，蝶贝的缩足肌与壳的附着点（缩足肌是在危险时用于将壳下拉以保护身体的肌肉，缩足肌在壳上的附着点可以在化石上看到）是左右成对的，前后各有一对。这很容易让人联想到这类生物的身体具有重复的结构单元。单板类被认为同时具有环节动物和软体动物的特点。

人们一度认为单板类已经灭绝，但 1952 年，人们在哥斯达黎加海域的深处发现了单板类的"活化石"。这种贝被命名为新蝶贝，大小在 3 毫米到 3 厘米之间，具有较扁的圆锥形壳、8 对缩足肌，身体两侧有 3 ~ 6 对鳃，有 3 ~ 7 对肾（排泄器官）。虽然各种器官的数量存在个体差异，但新蝶贝的身体确实具有重复的结构单元。

必须注意的是，虽然新碟贝具有重复的结构单元，但科学家调查发现，新蝶贝的分化程度相当高，它们的形态与软体动物祖先的相去甚远。

无壳软体动物的祖先在演化过程中，一部分演化出了多枚壳，另一部分演化出一枚壳。前者形成了多板类和无板类，后者则形成了贝类。贝类的演化极为成功，发展出了极其多样的物种。

使壳变得立体

一般软体动物的扁平的壳演化成了更为立体的壳，高度变高，从斗笠状变成半开的伞状。虽然身体的体积变大了，但附着在岩石上的面积不会增加。这样一来就能避免找不到合适居所的问题。

此外，立体的结构可以增加壳的内部空间。平时，软体动物可以将身体从壳内伸出，在岩石上大范围活动；当有危险时，就可以尽可能多地将身体缩进壳内。

增加壳的高度固然有益，但壳并非越高越好，壳的高度也是有限度的，因为高的物体往往稳定性较差。如果壳过高，只要身体略微倾斜，重心就会偏移，从而造成身体翻转，软体动物就很容易从岩石上掉下来。另外，如果壳的上部受到压力，壳的高度越高，底部受到的压力就越大（根据杠杆原理）。壳越高，软体动物的身体就越难以紧紧附着在岩石表

面，水流对壳的作用力就越大，壳就越容易
被水流从岩石上剥离，这是很危险的。

　　因此，软体动物的壳并没有无限制地变
高，而是逐渐变得卷曲（图3-4）。这样，无
须增加高度，壳的内部也有足够的空间。一
些软体动物的壳越来越卷曲，最终变成我们
现在常见的螺壳。

壳上的对数螺旋

　　壳的卷曲方式很有特色——拧着向上
旋。"螺旋"一词中的"螺"就来自螺类。
像螺壳一样回旋的形状叫作螺旋。螺丝上也
有螺旋，它使得螺栓可以在螺丝上移动。

　　蚊香的螺旋是二维螺旋，在软体动物中，
菊石和鹦鹉螺（两者都属于头足类，是乌贼、
章鱼等的近亲）壳上的螺旋是二维螺旋，而
常见的螺壳上的螺旋都是三维螺旋。无论是
二维螺旋还是三维螺旋，螺旋都随着卷层数
的增加而外扩。我们除了按维度将螺旋分类，
还可以按外扩方式将螺旋分类。例如，螺旋
的某个卷层的间隔是前一个卷层的间隔的常
数倍，也就是说，卷层的间隔以一定的比例
增加，这样的螺旋被称为对数螺旋（笛卡儿

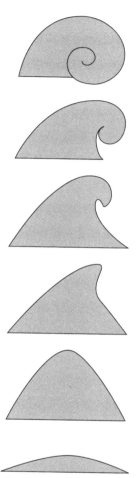

图3-4　软体动物壳的演化
从下到上，软体动物的壳卷
曲度越来越大。

首先描述了对数螺旋，并列出了其解析式，因此对数螺旋也叫作笛卡儿螺旋）。顺便说一下，蚊香的螺旋是等距离外扩的，即螺旋的间隔恒定不变，这样的螺旋叫作阿基米德螺旋。那么，贝类的壳为什么具有对数螺旋结构呢？

我们先来了解一下贝类的壳为什么是螺旋状的。这与贝类的生长方式有关。和昆虫一样，贝类也有外骨骼。我们从第三章了解到，外骨骼会限制昆虫的身体变大。为了使身体不断变大，昆虫选择先蜕掉外壳，再形成一个更大的外壳，昆虫在反复蜕皮中生长。这种生长方式比较费事，也比较危险。

贝类无须蜕皮。贝类与昆虫的不同之处在于，贝类的身体并没有完全被外骨骼覆盖，在壳的底部有开口。贝类只要在开口处不断分泌石灰质，就可以使壳变大。

但是，贝类并不会随意分泌石灰质。假设壳呈圆筒状，开口在壳的底部，贝类如果在开口处分泌石灰质，就只能使壳变高，壳的粗细不会发生改变，也就是说，最终壳会变得相对细长。为适应逐渐变得细长的壳，软体动物的身体也不得不变得细长，这就导致身体内部的器官无法等比例变大，而不得不随着生长改变形状和在体内的占比。这实在是得不偿失的生长方式。

我们讨论了圆筒状壳在变大过程中会出现的问题，实际上，不管是方形的还是六边形的壳，只要壳单纯地变高，就都会出现同样的问题。

为什么必须是对数螺旋结构？

解决壳会变得细长这个问题的方法有两种。

其一，形成圆锥状壳。这样，由于壳尖端的角度不变，即使壳变高，壳的形状也不会发生变化，软体动物的身体只要等比例变大即可。例如，一般软体动物就具有圆锥状壳，被认为形态最接近软体动物祖先的单板类也有圆锥状壳。此外，还有一种原始的螺叫小笠原笠螺，它的壳呈斗笠状。无论是单板类还是小笠原笠螺，都是小型软体动物。

但是，圆锥状壳只能变得越来越扁平或越来越高。通过阅读前文我们已经知道，扁平的壳变大会使壳体容易损坏，并且软体动物会因壳底面积太大而不容易找到安全的居所；而壳变高会使身体很容易翻转，缺乏稳定性。

其二，使壳越来越卷曲，开口越来越大。对数螺旋的特点是，我们将螺旋的起点与中心用一条直线连接，都能用这条直线将壳切成一个类似半圆的面，这个面的形状不会改变，只有大小会改变（图 3-5）。如果进一步，使壳形成立体的对数螺旋结构，那么也能确保壳内有足够的空间，同时壳过于扁平或过高带来的问题都能得到解决。

具有对数螺旋结构的壳在螺类中最为常见。虽然螺壳形状、大小各异，但螺壳都是由一个"圆筒"卷曲而成的。螺壳每增加一个卷层，螺壳底面的直径就会增加几倍，螺壳的高度和圆筒的直径也会增加。我们只要用一个方程式就可以反映螺壳的生长规律。

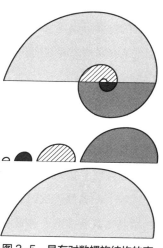

图 3-5　具有对数螺旋结构的壳

这一规律对其他贝类的壳也适用。花蛤和文蛤等双壳类的壳看起来比较简单，乍一看不像有对数螺旋结构，但确实有。掘足类象牙状的壳具有较为平缓的对数螺旋结构。头足类中还有像鹦鹉螺一样有壳的动物，它们的壳也具有对数螺旋结构。

腕足类和对数螺旋

除了软体动物的壳，属于腕足动物门的舌形贝（即海豆芽）和酸浆贝的壳也具有对数螺旋结构。舌形贝和酸浆贝都有两枚壳，壳的外观与双壳类的非常像，但舌形贝和酸浆贝的壳的内部结构和双壳类的完全不同，毕竟它们与软体动物在"门"这一分类阶元上就不同了。

双壳类的壳在其身体的左右两侧，腕足类的壳在背侧和腹侧，两者的壳的材质也不同——双壳类的壳是由碳酸钙构成的，而腕足类的壳是由磷酸钙构成的。但是，它们的壳都具有对数螺旋结构。为了使被壳包裹着的身体可以等比例变大，不同类群的动物做出了相同的选择，都演化出了有对数螺旋结构的壳。

贝壳的结构

在贝壳中，钙化层占大部分，其主要成分是碳酸钙的结晶。钙化层通常分为两层，外层为棱柱层，内层为珍珠层（图3-6）。

棱柱层上排列着垂直于壳的柱形结构。柱形结构是被蛋白质（如贝壳素等）和糖等组成的有机质壁包裹着的碳酸钙的结晶。碳酸钙的代表性结晶形式有方解石和霰石，霰石和方解石的不同之处在于，方解石比霰石更难溶解。在棱柱层中，有两种结晶体单独存在的情况，也有两种混合存在的情况。

　　珍珠层的主要成分是霰石。霰石平行于壳排列，形成一层层片状物，片状物之间是有机质膜（片状物厚约 1/1 000 毫米，有机质膜的厚度是片状物的 1/10）。片状物的厚度与可见光的波长相近，又因为它们整齐地叠加在一起，所以珍珠层的内面呈现珍珠般光泽（也有很多贝壳没有珍珠层）。

　　珍珠层的碳酸钙结晶的排列方向与壳平行，棱柱层的碳酸钙结晶的排列方向与壳垂直。两层碳酸钙结晶的排列方向相互垂直，使得壳具有较高的强度。几丁质纤维朝同一方向排列

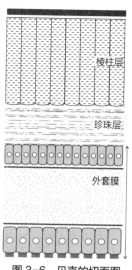

图 3-6　贝壳的切面图

的结构难以抵抗施加在结构上的、垂直于几丁质纤维排列方向的力，因此使几丁质纤维互成一定的角度排列能使结构强度更高——这一点我在第二章已经有所论述。

　　此外，壳中小块的碳酸钙结晶被柔软的蛋白质膜包裹，使得裂纹难以在壳上传导。包裹碳酸钙结晶的贝壳素等蛋白质起到了防止裂纹出现的作用。

有机物的作用

　　钙化层的最上面覆盖着角质层（也叫壳皮）。角质层是保护钙化层的极薄的"涂层"，由被称为贝壳素的蛋白质构成。我们如果用指甲刮一下花蛤和文蛤的表面，就会发现有一层茶褐色的膜被刮了下来，这层膜就

是角质层，因贝壳素经过了醌硬化，所以呈茶褐色。

角质层是最先形成的，钙化层在角质层的基础上形成。角质层是防止钙化层受损的物理屏障，同时也是防止钙化层中碳酸钙在酸性环境或软水中溶解的化学屏障。此外，角质层还起到密封圈的作用，可以防止双壳类的壳在闭合状态下留有缝隙。

贝壳的钙化层主要由碳酸钙结晶构成，但碳酸钙结晶不是在外套膜中形成的，而是通过外套膜分泌液体，液体与角质层发生化学反应形成的。在形成碳酸钙结晶的过程中，以贝壳素为主的有机物起到了结晶的核心的重要作用。

我们可以想象，软体动物的祖先背侧应该有厚厚的表皮（由几丁质和蛋白质构成），碳酸钙沉积在表皮中逐渐形成了贝类最初的壳。无板类背侧的厚外套膜中嵌有霰石质骨片（几毫米以下的小骨头），这或许就是软体动物的祖先背侧的壳留下的痕迹。我们在甲壳动物（如虾、蟹等）的表皮中也能看到碳酸钙结晶。

"脱掉"壳的软体动物

演化出螺旋状壳对软体动物来说具有里程碑式意义。但是，壳对贝类的生长有极大的限制，对壳十分"不满"从而"脱掉"壳的软体动物并不少见，比如蛞蝓。蛞蝓就是失去壳的蜗牛。壳有防御作用，对在陆地上生活的动物来说，壳还有防止身体变干的作用。但是，蛞蝓白天在地下活动，夜晚则在湿度较大的地表活动，湿润的土壤既可以保护蛞蝓不受光照，又可以为蛞蝓保湿，因此蛞蝓即使没有壳也能够生存。于是，一些带壳的蜗牛逐渐向没有壳的蛞蝓演化，出现了将壳缩小埋在身体中的黄蛞蝓。与海洋不同，动物从陆地或淡水环境中难以获得钙离子，为了适应这样的环境，蛞蝓"脱掉"了壳。

　　其实，海洋里也有将壳"脱掉"的动物，比如海蛞蝓。海蛞蝓是失去壳的螺类，近年来很受潜水爱好者的关注。节庆高泽海蛞蝓（深蓝底白线或黄线）、东方多彩海蛞蝓（白底黑点）、对翼多彩海蛞蝓（橙底黄线）、黄纹多角海蛞蝓（白底紫黑线，触角和鳃深红，头部黄色）、镶边多彩海蛞蝓（图 3-7，身体主要呈紫色，有白色的边，触角和鳃金黄色）都五彩斑斓。血红六鳃海蛞蝓又被称作西班牙舞娘，这是因为它们在游泳时会有节奏地摇晃身体，晃动着红白拼色的"褶边裙"，就像西班牙舞娘在翩翩起舞。

图 3-7　镶边多彩海蛞蝓
身体后部的穗状鳃清晰可见。

　　海蛞蝓醒目的体色是警戒色，用来警告潜在的捕食者"吃了我，你就会发生不好的事情"。有些海蛞蝓会分泌毒素，有些会分泌让捕食者失去食欲的化学物质。有些海蛞蝓可以自己合成用于防御捕食者的化学物质，但大多数海蛞蝓都通过捕食从其他生物那里获得这些化学物质。例如，海藻和海葵因为固着在岩石上无法逃跑，所以体内会分泌特殊的化学物质使捕食者失去食欲，以此来保护自己。海蛞蝓通过捕食海藻和海葵获得了它们体内的特殊化学物质。

蓑海牛会抢夺作为食物的动物的防御"武器"。蓑海牛因背侧长着很多穗，看起来像穿着蓑衣而得名。穗的内部有很多毒针，而毒针来自作为食物的刺胞动物。以刺胞动物为食的动物很少（主要原因是刺胞动物有刺细胞），蓑海牛就是其中之一。蓑海牛可以在不触发刺细胞的情况下将刺胞动物吃掉。刺细胞在蓑海牛的消化道内也不会被触发，而会被送至蓑海牛背侧的穗中。当捕食者触碰蓑海牛的穗时，刺细胞就会被触发，从而发射刺丝管击退捕食者。

头足类的进化

在外壳已经退化或消失的软体动物中，我们最为熟悉的应该是乌贼和章鱼，它们都属于头足类。当然，也存在拥有漂亮外壳的头足类，比如鹦鹉螺和已经灭绝的菊石。现在我们来看看头足类的壳是如何演化的。

起初，头足类的祖先像一般软体动物一样，背侧有微微凸起的壳。然后，壳越来越高、越来越细，先变成尖顶帽状，然后再变成象牙状。相应地，头足类的身体沿背腹方向被拉伸，同时沿前后方向被压缩。此时，头足类应该是这样的：头位于体前，头后是内脏团，并且有宽大的足。但是，由于壳继续变高、变细，内脏团逐渐向头的上方移动，足向头的正下方移动（图3-8）。就这样，头部有足的动物，也就是头足类出现了（顺便提一下，由于螺类的足位于腹部的下方，所以它们叫腹足类）。

　　头足类的足不仅位置发生了变化（移到了头的下方），形态也发生了变化，原本完整、宽大的足变成了分开的、向下伸展的腕（触手），腕分布于口的周围。乌贼有 5 对（10 只）腕，章鱼有 4 对（8 只）腕，鹦鹉螺则有数十只腕（雌性和雄性腕的数量不同）。由于头足类的身体在背腹方向上变长了，因此它们的前进方式从朝头的方向前进变成朝身体背侧，也就是朝壳尖尖的一侧前进，前进方向旋转了 90°。

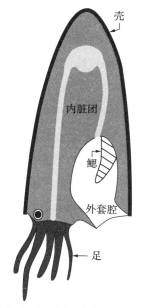

图 3-8　演化到一定阶段的头足类

　　我们在前文讨论过，如果壳变高，软体动物就容易从岩石上掉下来，因此，细长的壳并不实用。但头足类不用担心壳不稳定，因为它们离开岩石进入了水中生活，细长的体形有助于减小它们在游泳时的阻力。

　　但是，由于壳较重，头足类的身体会不断下沉。要想在海洋中生存，头足类就不能停止游动，而一边对抗重力一边游动需要消耗大量能量。此外，头足类要在不游动时使自身保持静止，也就是说，头足类要获得中性浮力（使水中的物体既不向上浮也不向下沉的力），这就需要头足类调整自身的比重，使之与海水的比重一致。于是，头足类将壳分成多个小室，通过使小室充气，让身体浮起来，从而抵抗壳的重力，获得中性浮力。通过对金乌贼和鹦鹉螺的浮力调节机制进行详细的研究，科学家猜测已经灭绝的头足类的壳也被分成很多小室，并发挥同样的作用。

头足类的壳从分成小室的、细长的壳逐渐向在平面上卷曲的壳（如鹦鹉螺和菊石的壳）演化。此外，还出现了壳变小、被外套膜包裹、隐藏在体内的演化方向（如乌贼、鱿鱼、章鱼的壳）。金乌贼在日本被叫作即甲乌贼，这是因为它们有像冲浪板一样扁平的壳（甲）。它们的壳起到调节浮力的作用，但却不具有保护身体的功能。乌贼的壳进一步退化，变成几丁质软甲。在吃鱿鱼的时候，你可能会注意到鱿鱼的肉中有像透明塑料一样的鸟羽状硬物，这就是软甲。章鱼的壳已经完全消失。

高速游动的乌贼

乌贼拥有卓越的游泳能力，所以没有了覆盖在身体表面的壳对它们来说反而是好事，使它们从擅长防御的动物变为擅长运动的动物。大部分软体动物通过外套腔吸入新鲜的海水进行呼吸，而乌贼则利用外套腔移动。因为没有壳的限制，所以乌贼的外套腔很大，可以吸入大量的海水。乌贼会慢慢地吸入海水，然后使外套腔猛地收缩将海水喷出，从而快速移动。

无论是游泳动物还是飞行动物，几乎都借助从躯干突出的部分（如足、鳍、翅等）移动，或通过扭动躯干来移动（像鱼一样）。这些动物通过活动身体来推动周围的水或空气，利用反作用力移动。虽然都利用反作用力移动，但乌贼通过喷出海水产生反作用力，乌贼的移动原理和喷气式飞机、火箭的移动原理相同。据说，乌贼的移动速度可达40千米/时，这与鱼冲刺的速度相当。我们知道，有些乌贼为了躲避捕食者会跃出水面在空中滑翔，正是因为有强大的加速能力，乌贼才能在空中滑翔。

已经完全失去壳的章鱼虽然和乌贼一样通过向反方向喷水来移动，但章鱼的移动速度没有乌贼快。章鱼是擅长袭击的"猎人"，它们有很高的智商，能模拟周围环境的颜色和图案来迷惑猎物或捕食者，即使没有壳也能生存下去。

章鱼和乌贼都有喷墨汁的防御手段。章鱼会喷出墨汁烟幕，乌贼会喷出墨汁团并使身体变得透明。

双壳类的进化

除了乌贼等头足类外，还有一些软体动物也离开了岩石，钻进沙子或淤泥等柔软的底质生活，它们就是双壳类。软体动物如果生活在岩石上，只要背侧有壳，就相对安全，受到捕食者攻击时，它们只需牢牢吸附在岩壁上即可。但是，软体动物如果生活在柔软的底质中，背侧的壳就不足以保证它们的安全，因为它们一旦被挖出来就万事休矣。于是，具有单壳的软体动物将背侧的壳从正中"弯折"，演化出了两枚将身体完全包起来的壳。

以上观点已经通过喙壳类的化石得到了证实。喙壳类（又名假双壳类）只有一枚壳，但与双壳类更为相似。喙壳类的壳会随着生长逐渐弯折成C字形，从左右两侧覆盖身体。我们可以想象，在演化的过程中，壳弯折处的钙化层消失，逐渐变成主要由蛋白质构成的、类似合页的韧带结构（图3-9），弯折成C字形的单壳变成了两枚可以开合的壳，双壳类就这样出现了。

因为身体被两枚壳覆盖，来自两侧的压力使双壳类的身体变薄。在演化过程中，双壳类的身体沿背腹方向被压缩。伴随着身体被压缩，足的形状也发生了改变：早期，双壳类的足是前后延伸的；然后足向四周延

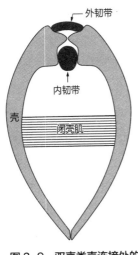

图 3-9 双壳类壳连接处的韧带与闭壳肌（纵切面）

壳的连接处有内韧带和外韧带，壳闭合时，外韧带被拉伸，内韧带被压缩。

伸，变得又宽又厚；最后，足变得像薄斧头刃一样薄（因此，双壳类曾被称为斧足类）。薄薄的身体和像斧头一样的足非常适合挖土和钻土。

现存的双壳类中最古老的是原鳃类（如日本胡桃蛤）。原鳃类会潜入泥底质中，以沉积在海底的有机物颗粒为食。底质指的是海洋中由沙或泥等的细小颗粒堆积而成的基底。底质附近的水流相对稳定。海洋中漂浮着的生物遗骸会被分解成微小的有机物颗粒，这些物质很容易堆积在底质上。原鳃类会从吸入的泥沙中筛选出有机物颗粒并吃掉（还有将有机物颗粒连同泥沙一起吃掉的动物，比如第五章中的海参）。

原鳃类用唇触手摄取食物。唇触手是变形的唇瓣，呈长吻状。唇瓣位于口部，是很薄的组织，呈对折状，相对的面有很多褶皱，褶皱上覆盖着纤毛，纤毛用于筛选有机物颗粒。双壳类（除原鳃类）会将从后鳃收集到的泥沙和有机物颗粒送到唇瓣，唇瓣上的褶皱能够分辨不可食用的泥沙和可食用的有机物颗粒，只将有机物颗粒送到口处。原鳃类除了唇瓣外，还有唇触手。原鳃类进食时，会将唇触手伸出壳外，唇触手上的黏液能粘住沉积在底质表面的泥沙和有机物颗粒，然后唇触手表面的纤毛将泥沙和有机物颗粒送到唇瓣，唇瓣再筛选出可食用的有机物颗粒。我们可以推测，早期的双壳类也采用这样的摄食方式。慢慢地，双壳类才演化出用鳃过滤有机物颗粒的滤食方式。

作为食物收集装置的鳃

双壳类潜入底质生活后，会面临一个问题——呼吸。因为底质中的海水很浑浊，所以双壳类必须从底质表面引进新鲜的海水。于是，双壳类的外套膜后缘逐渐愈合成8字形，并形成两个孔，两个孔延长成管状结构并伸出壳外。管状结构就是水管（又叫虹吸管），两根水管中一根是入水管，另一根是出水管。软体动物的鳃表面长有纤毛，软体动物通过纤毛拨动海水来产生水流，海水从入水管流入，经过鳃，最后从出水管流出，软体动物就可以呼吸了。

双壳类演化出了可以从底质表面吸入海水、具有强大水泵作用的呼吸装置，还演化出了可以分辨出有机物颗粒的唇瓣。正因为有了这两种装置，双壳类演化出了特殊的摄食方式：在呼吸时用鳃拦截随着水流进入的泥沙和有机物颗粒，然后将它们运送到唇瓣，由唇瓣筛选出有机物颗粒。即便是在不进食的时候，在水中悬浮的泥沙和有机物颗粒也很容易造成"水泵"堵塞。如果不能及时将泥沙和有机物颗粒清除，"水泵"就很难维持正常运转，而最简单的清除方法就是将其中能吃的吃掉。

有机物颗粒会随着海浪从海面源源不断地运送过来，并留在沙滩上。所以，整个沙滩就成了巨大的食物收集器。双壳类只要在这里守株待兔，就一定能得到食物。我们在赶海时，很容易就能挖出蛤蜊，这就说明沙滩是非常适合贝类生存的地方。

我们如果把活的蛤蜊放进盐水中，就会发现有两根管从壳后方伸出来，其中一根管负责吸水，另一根管负责排水（我们只要在两根管旁滴几滴可食用红色素，就可以清楚地观察到水的流向了）。进水管用来吸入沉积在海底的有机物颗粒。越是生活在底质深处的贝类，它们的水管就越长。据说，双壳类在底质里可以到达的深度约等于壳的前后长度加上水管的长度。海螂虽然壳长仅 8 厘米左右，但是它们的水管的长度是壳长的 3 ~ 4 倍，我们要挖 30 厘米左右才能看见它们。海螂和日本海神蛤的水管太长了，以至于无法收回壳内。

鳃的构造

早期软体动物的鳃（图 3-10 左）由多个呈倒 Y 字形的板（Y 的柄很短，张开的臂很粗，整体扁平）排列而成，倒 Y 字形的板叫作鳃叶。鳃叶数量很多，且紧密排列。软体动物的鳃突出于外套腔，被吸入外套腔的海水从鳃叶间狭窄的缝隙中穿过。软体动物鳃叶内部有血管，在海水经过鳃叶时进行气体交换，摄取水中的氧气。与此同时，鳃叶还会拦截水中的有机物颗粒。

双壳类演化出滤食的摄食方式后，宽的倒 Y 字形的鳃叶逐渐演化为细长的 W 字形的鳃丝（图 3-10 右）。

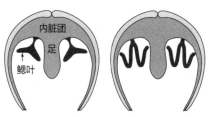

图 3-10　软体动物鳃的演化

倒 Y 字形的鳃叶演化为 W 字形的鳃丝。

　　滤食性动物需要两种装置：能产生水流的水泵和颗粒过滤器。在双壳类的体内，起到这两种装置作用的都是鳃丝的纤毛（图 3–11）。起到水泵作用的是后纤毛，起颗粒过滤器作用的是侧纤毛。

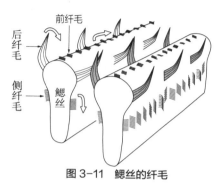

图 3–11　鳃丝的纤毛
弯箭头表示纤毛带动水或颗粒流动的方向。

　　侧纤毛非常有特点。侧纤毛是从一个细胞上生出的数根纤毛，纤毛底端愈合在一起，看起来就像一把打开的折扇。从一侧鳃丝伸出的侧纤毛与相邻鳃丝伸出的侧纤毛相互重叠，形成阻挡水流的网，使得泥沙和有机物颗粒被过滤出来。侧纤毛反复来回摆动。侧纤毛向前摆动时，纤毛上挂着的泥沙和有机物颗粒就被传送到了前纤毛。鳃丝的正面（即迎着水流的面）长有很多前纤毛，前纤毛是运送泥沙和有机物颗粒的传送带。前纤毛将泥沙和有机物颗粒运送到鳃丝上位于鳃缘的食物沟中。食物沟中也长有纤毛，这些纤毛再将泥沙和有机物颗粒运送到唇瓣。唇瓣根据泥沙和有机物颗粒的大小筛选出可食用的有机物颗粒。

双壳类壳的开合

平时，双壳类的壳是微微张开的，水管会从壳的缝隙间伸出。双壳类被捕食者袭击时会迅速将壳闭合。使壳闭合的是闭壳肌。壳的前后各有一块闭壳肌，在演化过程中，前闭壳肌变小（如贻贝，参见图 3-13）或完全退化（如牡蛎或扇贝）。

负责打开壳的不是肌肉而是韧带（结缔组织）。壳背侧的"合页"里有韧带，韧带连接两枚壳，像弹簧一样可以使壳打开。韧带中有展肌弹性蛋白，这种蛋白质与昆虫的节肢弹性蛋白一样，接近于完全弹性体，即使双壳类连续闭壳几小时、几天，韧带也不会变得松弛，只要闭壳肌舒张，韧带就会使壳立刻打开。

闭壳肌由两种不同的肌肉组成：收缩速度快的肌肉（用来快速闭壳）和收缩速度慢的肌肉（用来长时间闭壳）。收缩速度慢的肌肉就是握肌。

在韧带的作用下，双壳类的壳时常受到使壳打开的力，所以闭壳肌要持续收缩，才能保证壳一直处于闭合状态。在退潮或被海星袭击时，双壳类需要持续闭壳几小时，普通的肌肉如果持续收缩就会疲劳，无法继续活动。此外，在闭壳的状态下，水管无法伸出，双壳类无法呼吸，也无法向肌肉提供足够的氧气，肌肉即使想收缩也会因氧气不足而无法收缩。因此，双壳类为了能长时间闭壳，演化出了不会疲劳且在氧气供应不足的状态下持续收缩的肌肉——握肌。

握肌的收缩特性

我们可以通过下面简单的实验了解握肌的收缩方式：买来活蛤蜊，将其放到盐水中，一段时间后我们就可以观察到蛤蜊壳微微张开，水管伸出；将一枚木楔从壳的开口处插入，由于受到惊吓，蛤蜊会闭壳夹住木楔。此时我们如果猛地拔出木楔，就会发现，木楔被拔出后，壳并没有随即闭合，而一直保持微微张开的状态，但此时壳仍然处于受力状态，我们如果想撬开壳，就会受到蛤蜊的顽强"抵抗"；如果按压壳，就可以轻松地使壳闭合。

这是为什么呢？让我们通过更复杂的实验来研究一下。小心地将蛤蜊壳剖开，只保留闭壳肌和两枚壳，保证闭壳肌的两端与壳相连。使闭壳肌舒张下垂，用夹钳夹住位于闭壳肌上方的壳，在位于闭壳肌下方的壳上挂上砝码。放置一会儿，然后对闭壳肌进行交流电刺激，闭壳肌在短时间内收缩，随即舒张恢复原状。用短的脉冲直流电刺激闭壳肌，闭壳肌立即收缩，我们可以观察到砝码向上移动。电刺激消失后，砝码不移动，闭壳肌仍保持收缩状态，且闭壳肌可以几小时一直保持收缩状态。

接下来，在闭壳肌保持收缩的状态下，我们托住砝码（但不使砝码向上移动），会发现闭壳肌不会进一步收缩，砝码不会进一步向上移动。但是，如果我们换更重的砝码来拉闭壳肌，闭壳肌就会顽强地"抵抗"，不再伸长，砝码也不会进一步移动。从这个实验中我们可以清楚地知道，闭壳肌并非为了缩短而收缩。如果闭壳肌是为了缩短而收缩的，那么负荷减轻（通过托住砝码）后，闭壳肌应该变得更短，砝码会向上移动，而事实并非如此。闭壳肌会对直流电刺激做出反应并持续收缩，其目的不是使自身变短，而是使自身不被拉得更长。

闭壳肌有两种收缩状态：其一，肌肉快速收缩，但一旦刺激消失，肌肉就会立刻舒张；其二，肌肉一直收缩，并持续产生抵抗拉伸肌肉的力（即持续产生抵抗韧带打开壳的力）。第二种收缩状态被称为握紧状态，用来保持握紧状态的肌肉就是握肌。在握紧状态下，尽管肌肉一直在收缩，能量消耗却非常少——仅为静息状态的 1.5 倍（普通的肌肉在收缩状态下消耗的能量是静息状态的近 10 倍）。握肌只要消耗极少的能量就能与使壳打开的力进行对抗，且握肌产生的力量惊人，比普通的肌肉产生的力量大 25 倍。握肌是动物肌肉中最厉害的肌肉。正因为有这样的肌肉，双壳类才能长时间紧紧地使壳闭合。

握肌的功能

我们再来了解一下握肌的功能。如果我们将双壳类的握肌替换成普通的肌肉，那么为了不让壳被打开，普通的肌肉必须超负荷工作，就像我们拼命堵住门不让陌生人闯进屋一样，这样做既费力又难以坚持。但我们只要插上门闩，问题就解决了。握肌就像门闩，具有"锁定"机制。

握肌不仅具有"锁定"机制，还能像棘轮一样定向移动。棘轮是只能朝一个方向转动的齿轮。为了不朝相反的方向转动，棘轮的齿会向旋转方向的反方向稍微倾斜，且棘轮的外部有名为棘爪的结构。如果我们取下棘爪，棘轮仍可以向任何方向转动。握肌可以向闭壳的方向移动，但不能向开壳的方向移动。

握肌为什么具有"锁定"机制并能定向移动呢？这与一种叫作颤搐蛋白的蛋白质有关。我们已经知道，肌肉的收缩是由肌细胞内的粗肌丝和细肌丝相互滑动而引发的（参见第 35 ~ 37 页专栏）。在握肌内，颤搐蛋白附着在粗肌丝上，起到棘爪的作用。如果颤搐蛋白没有发生磷酸化反应，它就会使粗肌丝和细肌丝紧紧地结合在一起，使肌肉处于握紧状态；如果颤搐蛋白发生磷酸化反应，握紧状态就会解除（图 3–12）。

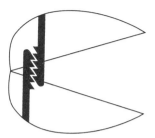

图 3-12　握肌的"锁定"机制效果图

在握紧状态下，颤搐蛋白能像棘爪一样紧紧卡住粗肌丝和细肌丝。此时，握肌无法舒张，壳无法打开，但可以闭合。要想解除握紧状态，只要使颤搐蛋白不卡在细肌丝上即可。

脱离底质的双壳类

有些潜入底质生活的双壳类会重新移动到岩石上生活。钻进底质生活的双壳类不愿再过等待生物遗骸被分解成有机物颗粒的被动生活，而前往水流更急的地方，那里不仅存在大量有机物颗粒，还有很多浮游生物。这些双壳类在有大量有机物颗粒和浮游生物的地方（比如潮间带，这里常有从外洋涌来的海浪，因此有大量悬浮的有机物颗粒和浮游生物）埋伏下来，主动将海水引到体内，滤食海水中的有机物颗粒和浮游生物。这些双壳类从食用沉积在底质的食物变成食用漂浮的食物，采取了更积极的捕食策略。

不过，这一捕食策略的基础是双壳类必须把身体固定住，以免被水流冲走。一般软体动物可以用宽大的足牢牢吸附在岩石上，但是双壳类的足已经演化成斧刃状，不能再用来固定身体了。

于是，出现了像牡蛎一样，可以分泌石灰质将壳粘在岩石上的双壳类，因为自身成了岩石的一部分，所以它们非常安全、稳定。问题是，一旦固定在岩石上，它们就不可能再移动，如果它们所在位置的潮位不随季节变化，一切就没有问题；但如果它们栖息在日本的沿岸（这里夏季潮位高，冬季潮位低，有些地方的潮位在不同季节会有几米的差别），就会出现问题。如果双壳类固定在较深的地方，由于这里水流较缓，漂来的食物较少，那么它们能够获取的食物就比较少，且被海星等捕食者攻击的概率也大。而如果双壳类固定在较浅的地方，那么退潮时它们暴露在空气中的时间就会比较长，在此期间，它们需要闭壳，捕食的时间就会减少，还有被来自陆地的捕食者攻击的危险。这些双壳类要想一直占据最合适的位置，就需要既可以移动，又可以附着在岩石上的结构。

足丝可以满足这个需要。贻贝等软体动物的足可以分泌很多根足丝，足丝的一端粘在岩石上，另一端靠伸足肌和缩足肌牵拉（图 3-13）。这样，贻贝等软体动物的身体就被牢牢地固定在岩石上，并能停留好几个

图 3-13　足丝、伸足肌和缩足肌（此为紫贻贝去掉一枚壳的示意图）

斜线部分是（滤食用的）鳃。鳃下方是伸足肌和缩足肌（即标有"前""后"的结构）。紫贻贝的壳前后均有闭壳肌，后闭壳肌（p）比前闭壳肌（a）大。

月。在这段时间里，伸足肌和缩足肌会一直拉紧足丝，当贻贝等软体动物必须移动时，伸足肌和缩足肌就会放开足丝，贻贝等软体动物就可以用足移动，寻找新的居所。

　　牵引这些足丝的伸足肌和缩足肌也是握肌。伸足肌和缩足肌可以在连续数月里不知疲倦地收缩。此外，有的贝类会钻到泥里，将足丝粘在泥里的小石子上，以稳定身体。

　　足丝由经过醌硬化的特殊胶原蛋白构成，因此呈茶褐色。贻贝的足呈细长的圆柱形，在足根部的附近有叫作足丝腺的分泌腺，从足丝腺到足前端有一道沟。足丝腺分泌的胶原蛋白溶液会顺着沟流到足前端，溶液与海水接触后会形成结实且像弹簧一样有弹性的足丝。足丝即使受到波浪的冲击也不会断裂。

第四章

棘皮动物门Ⅰ：海星为什么是星形的？

棘皮动物门的拉丁文名称 echinodermata 源于希腊语 echinoderm，echino 有棘刺之意，derm 有皮肤之意，因此，棘皮是 echinoderm 的直译。说到皮肤上有棘刺的动物，我们首先想到的就是海胆，海胆就属于棘皮动物门。

除了海胆外，在以海洋为主题的画中，一定还会出现海星，海星也属于棘皮动物门。海胆和海星是海洋的符号，深受画家的喜爱。海胆和海星都只存在于海洋中，它们虽然只有手掌大小，但在海底很显眼，很容易就能被发现。海胆尖尖的棘刺和海星的星形身体很醒目，很容易与其他门类的动物相区别，尤其是海星的星形身体，非常漂亮。

棘皮动物可分为5类，分别是海百合（sea lily）、海星（sea star）、海胆（sea hedgehog）、海参（sea cucumber）、蛇尾（brittle star）。除了蛇尾之外，其他4类的英文名称中都有"sea"这个单词，这表明棘皮动物都生活在海洋里。

> **棘皮动物门**
>
> 棘皮动物门分为 5 个纲。
>
> 1. 海百合纲（包括海百合、海羊齿等）
>
> 2. 海星纲（包括多棘海盘车、蓝指海星等）
>
> 3. 海胆纲（包括紫海胆、饼干海胆、心形海胆等）
>
> 4. 海参纲（包括仿刺参、叶瓜参等）
>
> 5. 蛇尾纲（包括真蛇尾、筐蛇尾等）

　　有五辐射对称的身体是棘皮动物的显著特征之一。除了我们熟悉的海星都具有五辐射对称的身体外，海百合和蛇尾中也有一些物种具有五辐射对称的身体，这一点我们从它们的名称中就可以看出来。例如，海百合纲中的海羊齿的英文名称 fearher star 可直译为"长着毛的星星"，蛇尾纲中的真蛇尾的日文名称为"蜘蛛人手"，其中的"人手"指的是真蛇尾有 5 条伸出来的腕，看上去就像人的手一样。

棘皮动物的外形

　　下面，我就以海星和海胆为例，大致介绍一下棘皮动物的显著特征。

　　五辐射对称的身体。棘皮动物最明显的特征就是具有五辐射对称的身体。棘皮动物的口位于身体中央，从口向周围 5 个方向辐射出多条腕。最典型的就是海星。海星从圆盘状主体（即中央盘）辐射出 5 条腕。通常，动物大都有着左右对称的细长的身体，口在前（与前进方向一致），肛门在后，腹面在下，背面在上。

　　但是，海星却口朝下，它们的移动方向与口所在的面垂直。因此，我们不能用描述动物时常用的"前、后、背、腹"来描述棘皮动物。我们把棘皮动物有口和管足的面（朝着底质的面）称为口面，没有口的那一面称为反口面。棘皮动物的肛门位于反口面的中央。

管足。 我们将海星翻过来，来看看它的口面。从口所在位置到腕前端有一道沟贯穿海星的腕（图4-1），这就是步带沟。我们如果把海星拿在手里一段时间，步带沟就会打开，从里面会伸出很多透明的、蠕动的小管，这就是管足，是海星用来行走的足。

图 4-1　海星

上图为帚状槭海星的口面，中央是口，贯穿 5 条腕的沟是步带沟。下图是长棘海星的腕，图中步带沟打开，管足伸出。我们可以看到管足前端有吸盘（箭头指向的结构）。

棘皮动物的特征之一就是有很多管足。从腕横切面来看，海星的步带沟呈∧形，从∧形的内侧伸出数条管足。管足从腕的基部一直排到端部，每条腕上都长着近 100 条管足。

壳。 棘皮动物的壳也有显著的特征。说到海边餐厅的装饰品，最常见的就是贝壳、海胆的壳和干燥的海星（还有渔网、瓶子、木板）。我们只要在沙滩上走一走，就能发现贝壳，有时也能发现海胆的壳（虽然没有贝壳那么多）。海胆和贝类一样，在死后会留下完整的壳。我们如果从内侧仔细观察海胆的壳，就会发现海胆的壳是由许多长约 1 毫米的瓷片状骨骼愈合而成的球形壳。这些微小的瓷片状骨骼被称为骨片。骨片和贝壳一样，是由石灰质构成的。相邻的骨片愈合在一起，即使在海胆死亡后，骨片也不会散开，所以海胆的壳才能保留下来作为装饰品。

在海胆壳的表面呈辐射状排列着许多很小的疣突（图4-2）。海胆活着的时候，疣突上长有棘刺，这使我们很难观察到海胆壳的形状。不过，在海胆死亡后，棘刺就会脱落，这时我们再观察海胆的壳，就可以清楚地看到海胆和海星一样，身体也是五辐射对称的。海胆的管足从壳的内部伸出，壳上的一些骨片上有孔，管足就从这些孔中伸出。这些有孔的、排成列的骨片叫作步带。海胆的壳上有 5 条步带。步带旁是没有孔的骨片，这些骨片也排成列，被称为间步带。我们从海胆的反口面看，可以看到步带和间步带都从肛门延伸出去，呈五辐射对称。

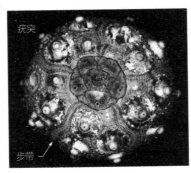

图 4-2　海胆的壳

图为叶棘头帕海胆的反口面，中央是肛门，肛门周围有 5 块近似五边形的板（板上的孔是生殖孔，精子和卵细胞会从这里排出）。

海星也一样，体表被微小的骨片覆盖，但海星的骨片并不像海胆的骨片那样愈合在一起，并且大多数海星的骨片之间都有缝隙。有些海星的骨片之间没有缝隙，这些海星死亡后骨片不会散开，漂亮的星形的壳就保留了下来。珊瑚礁海域中常见的蓝指海星和原瘤海星的骨片之间都没有缝隙，蓝指海星和原瘤海星死亡后留下的壳经常作为装饰品或礼品售卖，并受到人们的喜爱。

棘皮动物的进化

我们先大致了解一下棘皮动物的进化。虽然现在的棘皮动物只有 5 个纲，但在遥远的过去，棘皮动物非常繁盛。

海百合。海百合是原始的棘皮动物中唯一的幸存者。我们可以把海百合想象成倒过来的海星——口面朝上，茎从反口面的中央长出来。因为伸出腕的状态就像盛开的百合花，所以这类动物被称为海百合。海百合喜欢生活在有水流的地方，捕食漂来的浮游生物和有机物颗粒，这种捕食方式被称为悬浮摄食。海百合用腕上成排生长的管足来捕食，原始的棘皮动物都是这样做的，管足其实是用于捕食的。在古生代初期的海底，这些如花朵般的棘皮动物大量生长，使海底像花园一样美丽。

有水流的地方没有障碍物，且视野开阔。原始的棘皮动物即使在这种地方一直待着不动也不会遭遇危险，这是因为那时强大的捕食者很少。当然，这并不代表原始的棘皮动物就不需要保护身体。因为栖息于有水流的地方，沙粒等会被水流冲过来，因此，为了避免身体因沙粒受损，以及为了能在水流中维持姿势，不被水流冲倒，原始的棘皮动物需要能够牢牢支撑身体的坚固的骨骼。所以，原始的棘皮动物体表布满了密密麻麻的骨片，骨片具有防御和维持姿势的作用。

到了古生代泥盆纪（4 亿 2000 万年前～3 亿 6000 万年前），随着有颌类的繁盛，原始的棘皮动物无法继续维持固着生活，于是，它们中的一部分移居到了捕食者较少的深海，其后代就是海百合。海百合至今仍在深海大量繁殖。浅海的生物遗骸和排泄物会被分解成有机物颗粒，像雪花一样落在海床（因此，这些有机物颗粒也被叫作海雪）。只要有水流动，有机物颗粒就会不断漂落下来，所以采用悬浮摄食方式的动物很适合栖息于深海。

日本骏河湾是有名的深海生物捕捞地，我在这里采集了正新海百合（图4-3），并用它做了实验。

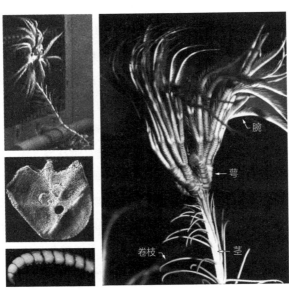

图4-3　正新海百合

右图为放大的正新海百合上部。海百合的主体由萼和从萼伸出的数条腕组成，由一根茎支撑。左上图为在水槽金属网上攀爬的海百合（茎长约50厘米）。茎的骨片近似五边形，这些骨片堆叠起来形成了长长的茎。每隔11～12枚骨片就有卷枝从骨片的各边伸出（因骨片近似五边形，所以共生出5根卷枝）。左下图是放大的卷枝，卷枝由圆盘状骨片堆叠在一起形成。海百合的腕、茎和卷枝都是由骨片堆叠形成的。左中图为腕的骨片在电子显微镜下的样子（骨片的正面）。

由固着生活转向自由生活

　　没有移居到深海的原始的棘皮动物选择了其他的生活方式。固着生活使原始的棘皮动物无法隐藏或逃跑，也就是说，它们不能自由移动以规避危险。于是，一类能使主体从茎上脱离以自由生活的棘皮动物出现了，即海羊齿。海羊齿的主体从茎上脱离后，与海百合一样是口朝上的。海羊齿和海百合都属于海百合纲。在幼体阶段，海羊齿和海百合的样子相同，都是主体由茎支撑附着在海底的，但到了成体阶段，海羊齿的主体就会脱离茎落在底质上，并用纤细的腕趴在底质上扭动着前行；如果距离短，它们也可以上下挥动腕笨拙地游动。

　　接下来，我要介绍的是海百合纲以外的另外 4 个纲的棘皮动物（图 4-4）。为了让你更容易理解棘皮动物的身体结构，我将另外 4 个纲的棘皮动物按照一定的演化顺序排序。要注意的是，还没有化石能够明确告诉我们棘皮动物的演化顺序，下面的排序是研究者基于棘皮动物的基因碱基序列推测得出的。

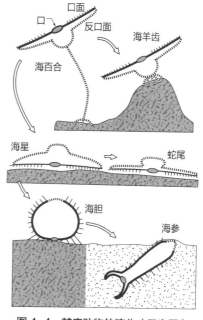

图 4-4　棘皮动物的演化（示意图）

　　海星。与海羊齿相反，海星口面朝下。海星用有管足的一面着地。海星的管足是用来移动的，它们是由原始的棘皮动物用来收集食物的管足演变而来的（不过，现在的海星不会经历有茎的幼体阶段）。

蛇尾。海星的腕很粗，里面有消化腺和生殖腺。而蛇尾的消化腺和生殖腺则集中于中央盘，且蛇尾的腕细长，移动时，腕会像蛇的身体一样扭动。蛇尾纲的拉丁文名称 ophiuroidea 原意为蛇形的。一些蛇尾的腕极其细长，比如星蔓蛇尾的腕像藤蔓一样有复杂的分支（图 4-5），这使星蔓蛇尾看上去就像用藤蔓编织的笼子，所以星蔓蛇尾的英文名称是 basket-star（即笼星）。星蔓蛇尾依靠"笼子"来过滤食物。

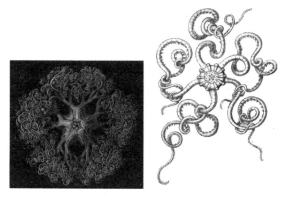

图 4-5　海克尔绘制的真蛇尾（左）与星蔓蛇尾（右）

星蔓蛇尾是喜流性①悬浮摄食者，这也是原始的棘皮动物的进食方式。星蔓蛇尾会在水流中高高举着腕以过滤食物，有些海星也会这样做（不过海星大都是捕食者）。海参中的叶瓜参（枝手类）也会将腕伸向水流中，以捕捉水流中的悬浮物（不过大部分海参是用触手吃泥沙的）。几

---

① 喜流性：喜欢在流动的水中摄取食物的特性。——译者注

乎所有的海胆都靠啃食藻类为生，但也有像紫丛海胆这样会用棘刺收集浮游藻类的特例。

海胆。想象一下，我们往海星的体内注水，使其像气球一样膨胀起来。假设海星的口面很容易被拉伸，而反口面很难被拉伸。随着水的注入，海星的身体会变得浑圆，口面会变大将身体的大部分覆盖住，反口面只剩下肛门附近的区域。因为管足位于口面，所以伴随口面的变大，管足几乎遍布整个身体。海胆靠管足移动，由于与海水接触，管足也用于呼吸。因为管足是柔软、易受攻击的部位，所以海胆配备了保护管足的棘刺。当然，棘刺不仅保护着管足，还保护着海胆的整个身体，使其免受捕食者的伤害。由于棘刺比管足长得多，所以出现了使用长在口面的棘刺移动的海胆。

海羊齿、海星、蛇尾体形都不太大，它们只要把张开的腕收起来就可以躲在岩石后面，并且它们（特别是海羊齿和蛇尾）只在觅食的时候才会出来。但是，海胆有浑圆的壳，并不适合隐藏。于是，海胆就在壳上长出棘刺以提高防御能力。棘刺在保护海胆身体的同时，也让其体形看起来更大。体形大既可以起恫吓捕食者的作用，又可以使捕食者难以吞咽。因此，海胆可以肆无忌惮地暴露在海底，不用躲躲藏藏。

也有在泥沙中生活的海胆，如饼干海胆和心形海胆。饼干海胆也称沙币，其英文名称为 sand dollar。饼干海胆身体中央微微隆起，比起硬币，这种动物更像饼干。心形海胆的英文名称为 heart urchin，是因为它们的蛋壳形壳有一端略微向内凹陷，从而呈心形。饼干海胆和心形海胆通过用棘刺挖掘沙子来移动。但是，球形身体由于阻力大，所以逐渐演化成扁平的或卵形身体。此外，为了解决沙子中的排泄物无法被水流带走的问题，饼干海胆和心形海胆将肛门移至壳后端，这样它们就无须处理排泄物，只要在排泄后离开即可。大多数海胆都具有五辐射对称的身体，这类海胆被称为规则海胆，与之相对，不具有五辐射对称身体的饼干海胆和心形海胆被称为不规则海胆。

海参。继续想象，把海胆上下拉伸成细长条，并让其横着睡觉——这就是海参。之前提到的棘皮动物都生活在海底表面，但海参却一度潜入沙子中生活。因为钻到沙子里就不用担心捕食者，也不需要保护自己，更不需要使骨片覆盖全身，因此，骨片变成肉眼看不见的极小的碎片散布在体内。在这种情况下，海参如果具有海胆那样的球形身体，那么挖掘沙子时受到的阻力就比较大。为了解决这个问题，海参采取了与不规则海胆采取的一样的方法——将身体拉长，使口在前，肛门在后，向口的方向前进。海参看上去十分接近身体细长且左右对称的动物。

再次爬回海底表面生活的就是我们现在熟悉的海参（现在仍有在沙子中生活的海参）。海参看上去是左右对称的，实际上，它们并没有舍弃原来的五辐射对称的身体。我们如果从海参的口面观察便一目了然——围绕口生长的 5 条（或数量是 5 的倍数）触手将食物连同泥沙一起塞进口中，5 条步带从口延伸至肛门。在 5 条步带中，3 条位于朝地面的一侧即腹侧，2 条位于背侧。海参腹侧的管足用于移动，背侧的管足可用于呼吸，但海参有被称为呼吸树的专门的呼吸器官，因此很多海参的背侧没有管足。

海星和海参的呼吸

　　海百合和海胆主要用管足来呼吸，对其他棘皮动物来说，管足或多或少也起到吸收氧气的作用。管足以外的呼吸器官因物种不同而存在差异。

　　海星和蛇尾的口面与底质相接，管足不与自然流动的海水接触。海星的反口面与自然流动的海水接触，因此反口面长出了很多微小的突起（皮鳃），海星以此来呼吸。皮鳃呈透明的囊状，如果我们用手指触一个皮鳃，周围的皮鳃会一齐收缩，管足也会这样。皮鳃看起来像是微小的管足，但皮鳃一直延伸到体腔（身体中心的腔，里面充满了体腔液，脏器漂浮于体腔液中）。从皮鳃吸入体腔的氧气会随着体腔液的流动被运送到体内各处。体腔液的流动主要是由皮鳃中体腔内表面生长的纤毛运动所引发的。

　　蛇尾有 10 个呈五辐射状分布的、向中央盘内陷的囊（即生殖囊）围绕着口。蛇尾通过让海水流入和流出生殖囊来吸收氧气。这个结构之所以被称为生殖囊，是因为它还充当育儿袋（就像袋鼠的育儿袋一样）。

　　海参有专门用于呼吸的特殊器官——呼吸树。它是从消化管后端延伸到体腔内的管状结构，前部像树一样有很多分枝，因此得名。呼吸树漂浮在体腔液中。海参从肛门吸入海水（这真让人觉得不可思议！），海水被输送到呼吸树，呼吸树的分枝吸收氧气，大面积地向体腔液内供氧。一般来说，呼吸器官是由消化管的一部分膨胀形成的，比如我们人类的消化管膨胀形成了肺。海参与肛门连接的消化管末端膨胀形成了呼吸树，之所以是消化管末端膨胀，是因为海参在潜入沙子中后，会把肛门伸到沙子表面。

海星是人类的近亲

外形和带着扎手壳斗的栗子一样且生长在岩石上，又似坠落海底的繁星一动不动——这样的动物就是棘皮动物。

动物的发育从受精卵开始，受精卵先发育成球形的囊胚，然后囊胚发育成原肠（第 6 ~ 7 页）。原肠的入口就是原口，原口最终发育成口的动物就是原口动物。我们提到的刺胞动物、节肢动物、软体动物都是原口动物，实际上大部分动物都属于原口动物。此外，还有些动物会在与原口相反的位置上形成口，这类动物叫后口动物。棘皮动物、半索动物、脊索动物都是后口动物，它们被认为具有近缘关系。这样看来，棘皮动物是我们人类的近亲。我将在本书后面介绍半索动物和脊索动物，不过，接下来我们还是继续讨论棘皮动物。

棘皮动物的特征

1. 具有五辐射对称的身体

2. 具有管足

3. 体内有骨片

4. 具有握肌结缔组织

5. 节能

五辐射对称的身体

下面我将列举一些棘皮动物具有代表性的特征。这些特征为棘皮动物创造出与其他动物完全不同的世界做出了贡献。我将在本章和下一章介绍棘皮动物的特征。之所以用两章的篇幅来介绍棘皮动物，是因为我研究了它们 40 多年，对它们或多或少有些偏爱，希望大家见谅。

第四章　棘皮动物门 I : 海星为什么是星形的?

第一眼看到棘皮动物,我们一定会注意到它们的星形身体。几乎所有动物都具有左右对称的细长身体。动物之所以叫作动物,就是因为它们动作敏捷,而左右对称的细长身体非常适合快速移动。那么,为什么棘皮动物不是左右对称而是辐射对称的呢? 我们来探究一番吧!

为什么身体细长且左右对称的动物更多?

左右对称的细长身体更适合活动。

身体细长。身体细长有助于减小水和空气的阻力。我们已经知道,动物最早生活在海里,它们通过游动来捕食。我在前面讲过,在演化过程中,海参的身体逐渐变得细长,这是为了便于挖掘沙子,减小前进时的阻力。同理,生活在水里的动物与水"碰撞"的面越小,它们受到的阻力就越小,就游得越快、越轻松(你如果想切实感受一下,可以在泡澡的时候将一个盆向装满水的浴缸底部按,比较一下是使盆的侧面与水接触按下去更轻松,还是使盆底与水接触按下去更轻松)。动物朝前的面越小(即身体越细),动物移动起来就越轻松。但是,身体如果变细,就不得不同时变长,因为必须确保身体有足够的空间容纳脏器。游泳动物大都通过扭动身体,也就是用体侧推水来前进。身体变长,体侧面积变大,对游泳也是有利的。

身体左右对称。如果身体不是左右对称的,动物要想直线前进就很困难。举个例子。如果我们划船时左右船桨的划动频率不同,那么船就无法直线前进。此外,即使左右船桨的划动频率相同,但如果船体左右不对称,船也无法直线前进。

口、眼、脑在前,肛门在后。如果动物通过游泳来捕食,为了在猎物逃跑前吃掉它，动物的口最好在前面（即使猎物逃不掉，为了猎物不被别的捕食者抢走，最好立即将猎物咬住）。要想迅速确认前方有没有食物或捕食者，眼睛和鼻子在前面比较好。另外，在食物入口前，动物有必要确认食物是否安全，所以口附近要有能分辨气味等的"传感器"，即感觉器官。而用来判断感觉器官传入的信息的脑就应该在感觉器官的附近。感觉器官距离脑越远，信息传递所需的时间就越长。而且，来自感觉器官的信息是以电信号的形式传递的，如果感觉器官和脑的距离较远，传递的信息就容易出现错误，从而使脑做出错误的判断。因此，感觉器官、脑都集中到身体的前面，位于头部；肛门则在身体的后面。如果排泄物从身体前面被排出，动物就需要拨开排泄物前进，这可不是什么好事。所以，动物就形成了头部在前、肛门在后的身体。

基于以上的理由，游泳动物需要细长的、左右对称的，以及头在前、肛门在后的身体。虽然我仅以游泳动物为例，但无论是在水中、陆地上，还是在地下，几乎所有动物都是一样的，所以它们拥有适合活动的身体是理所应当的。

营固着生活的动物具有辐射对称的身体

左右对称的细长身体适合活动频繁的动物。那么，对营固着生活、不活动的动物来说，什么样的身体比较合适呢？植物茎的横切面是圆形的，从茎上长出向四面八方伸展的分枝或叶。海葵和珊瑚也一样，它们身体的横切面是圆形的，从口向周围伸出辐射状触手。

辐射状身体具有优势。植物之所以长出辐射状分枝或叶，是因为无论光从什么方向照射，分枝或叶都可以吸收光线。海葵也是如此，因为作为食物的浮游生物会从任何方向漂来，所以捕捉浮游生物的触手应该朝着所有方向均匀地伸展。

经常活动的动物身体细长，这是由它们只能面朝前移动决定的。与之相对，动物拥有辐射状身体则是为了能够机会均等地获得生存所需的各种物质。

不过，树木和珊瑚的身体都是细长、圆柱形的，圆形的断面是为了能够均匀地伸出分枝。此外，虽然身体细长可能会出现稳定性差的问题，但是细长的身体有助于动物捕捉浮游生物或树木长出更多的分枝。

为什么是五辐射对称？

棘皮动物的身体也呈辐射状，不过棘皮动物只有成体呈辐射状，作为浮游生物的幼体则有左右对称的身体。根据棘皮动物成体拥有辐射对称的身体，我们可以推测，棘皮动物祖先的成体有可能营固着生活。

对棘皮动物来说，它们的身体不仅仅是辐射对称的，而且是五辐射对称的，即它们的身体绕中心旋转 72°（360° ÷5=72°）后，身体的形态不会发生变化。那么为什么是五辐射对称呢？科学家提出了几个假说。

假说 1：跑道假说

棘皮动物祖先的主体位于茎上，从茎上伸出腕，腕可以捕捉随着水流漂来的食物。我们假设棘皮动物祖先的主体的横切面为正多边形，来看看哪种正多边形的横切面能使棘皮动物的祖先更好地捕食。

图 4-6 是我们假设的棘皮动物祖先的主体的横切面。横切面上的圆圈代表腕，箭头方向表示水流方向。我们可以看到，前面的腕（用白色圆圈

表示）先接触水流，会先捕捉到食物。然后，水流会到达后面的腕（用黑色圆圈表示）。如果有 4 或 6 条腕，由于后面的腕恰好位于前面的腕的正后面，当水流到后面的腕时，水中已经没有食物了，所以后面的腕对捕食并没有帮助。也就是说，如果有 4 条腕，最多只有 3 条腕起到捕食的作用；如果有 6 条腕，最多也只有 4 条起到捕食的作用。因此，如果腕的数量为偶数，就一定存在无法捕食的腕。但是如果棘皮动物的祖先有 3 或 5 条腕，后面的腕就不会被前面的腕遮挡，所有的腕就都可以捕食。

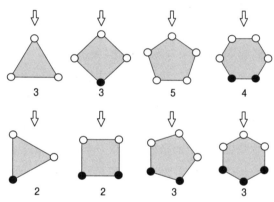

图 4-6　棘皮动物祖先的主体的横切面
第一行是使尽可能多的腕发挥作用的情况，第二行是使尽可能少的腕发挥作用的情况。图中数字代表发挥作用的腕的数量。

　　身体接触水流的面不同，能发挥作用的腕的数量也不同。根据上面的假设，我们可以发现，当腕的数量为奇数时，棘皮动物的祖先有尽可能多的腕发挥作用。

　　根据图 4-6，如果棘皮动物祖先的腕的数量为偶数，不论是 4 条腕还是 6 条腕，只要它们的身体旋转一下，有的腕就会被挡住。在我的假设中，棘皮动物的祖先主体的横切面上最多只有 6 条腕，如果腕的数量继续增加，腕的间隔就会变窄，所以，被挡住的腕实际上会更多，棘皮动物祖先的捕食效率会非常低。

这样分析下来，捕食效率最高、能使尽可能多的腕发挥作用的情况是腕的数量为奇数，并且 3 条腕太少了，那么有 5 条腕应该是最理想的。这个假说是由 D.G. 斯蒂芬森在 1976 年提出的。

拥有五辐射对称身体的动物只有棘皮动物。如果我们硬给棘皮动物找个身体五辐射对称的"同伴"，那么星虫勉强可以算作有五辐射对称身体的动物。星虫看上去像膨胀的蚯蚓，它们会钻进沙子和岩穴中，从穴口伸出触手。星虫身体细长，左右对称。但是，有些星虫的口周围的触手呈五辐射状。星虫用触手捕食悬浮物或沉积物。因此，从捕食方式来看，五辐射对称的身体应该对采用悬浮摄食方式的动物更有利。

五瓣花

拥有五辐射对称身体的动物很少见，但五辐射对称的花十分普遍。日本常见的樱花、中国常见的梅花、欧洲的玫瑰（原种玫瑰的花只有 5 瓣）都是五瓣花，即花是五辐射对称的。这 3 种植物都属于蔷薇科。桃子、梨、苹果、枇杷也是蔷薇科植物，它们的果实很好吃，它们的花也都是五瓣花。

春天，樱花会在 3 月和 4 月开放，杜鹃花会在 5 月开放；锦葵、夹竹桃和无患子（枫树的近亲）会在夏天开放；秋天，《万叶集》中提到的"秋七草"（即日本秋天盛开的 7 种花）——胡枝子、白头婆、桔梗、葛、芒、瞿麦、败酱会开放；冬天，山茶花和茶梅怒放。我们一年四季欣赏到的花大都是五瓣花。

除了蔷薇科植物，茄科（茄子、马铃薯、番茄、烟草）、葫芦科（葫芦、黄瓜、西瓜、南瓜、甜瓜）、葡萄科、芸香科以及猕猴桃科植物的花大都是五瓣花。此外，毛茛科、景天科、虎耳草科、酢浆草科植物的花也大都是五瓣花。

那么，哪些植物会开 4 瓣花呢？开四瓣花的植物的代表是十字花科植物。十字花科植物因其花瓣呈十字形排列而得名。在超市里售卖的蔬菜中有很多都属于十字花科，如油菜、卞萝卜、大白菜、小松菜、雪里蕻、青梗菜，不过，这些蔬菜大都是芜菁的变种。罂粟也会开四瓣花。虽然绣球花看起来像四瓣花，但它看起来像花瓣的结构其实是花萼。通常，花萼位于花瓣的外侧、花的根部，负责包裹着花（棘皮动物也有萼这一结构，如海百合的主体下部有萼，从这里伸出 5 条腕）。

了解了会开五瓣花和四瓣花的植物，我们再来了解一下会开六瓣花的植物。提到六瓣花，我们最先想到的可能是百合科（百合、郁金香）和鸢尾科（鸢尾、花菖蒲、剑兰）的花。实际上，这些花的 6 瓣中只有 3 瓣是花瓣，另外 3 瓣是和花瓣一模一样的花萼。石蒜科（石蒜、水仙）和木通科的花也是如此。的确有六瓣花，比如木兰科（如木莲、日本辛夷）、栀子、石榴等的花。

花瓣就是跑道

为什么有这么多五瓣花呢？也许我们可以用上面提到的假说回答这个问题。按照假说，我们试着把腕换成花瓣，把漂来的食物换成飞来的昆虫。

被子植物的花原本是利用风来传粉的风媒花，起初，被子植物的花很小、不显眼，后来出现了利用昆虫传粉的虫媒花。被子植物的花瓣随之变大——这是因为花瓣越显眼，就越能吸引昆虫。花瓣就像餐厅的招牌，起到提示昆虫这里有花蜜的作用。

花瓣如果只是作为"招牌"，那么只要面积大，其他一切都无须在意。但是，花还有特别的"设计"——从花的中心呈辐射状伸出椭圆形花瓣，花瓣可以指示花蜜的位置。这就是花瓣的独特之处，它不只是"招牌"，还起到将昆虫诱导到花中央的作用。

我认为，花瓣就像机场的跑道。如果飞机的飞行方向和跑道的延伸方向不一致，那么我们从飞机上看，跑道就是倾斜的；如果飞机的飞行方向和跑道的延伸方向一致，那么我们从飞机上看，跑道就是笔直的。只有飞机的飞行方向与跑道的延伸方向一致，飞机才能平安降落。

1 条跑道可以引导 2 架飞行方向相反的飞机。因此，如果有 5 条呈辐射状排列的跑道，那这些跑道就可以引导从 10 个方向飞来的飞机；3 条呈辐射状排列的跑道就可以引导从 6 个方向飞来的飞机。但是如果是 4 条呈十字形排列的跑道，那这些跑道只能引导从 4 个方向飞来的飞机。6 条呈辐射状排列的跑道也只能引导从 6 个方向飞来的飞机。也就是说，如果有奇数条呈辐射状排列的跑道，跑道就可以引导从 2 倍于跑道数量的方向飞来的飞机；但如果有偶数条呈辐射状排列的跑道，跑道就只能引导从相同数量的方向飞来的飞机（图 4-7）。如果把跑道换成花瓣，把飞机换成昆虫，那么花瓣数量为奇数的花就能吸引从更多方向来的昆虫，这样一来，传粉的效率就会提高。

偶数会产生浪费——跑道、花瓣以及棘皮动物的腕都是如此。不过，虽说奇数比较好，但一瓣花或三瓣花能吸引的昆虫太少了（所以像百合这样的三瓣花会将花萼变得像花瓣）。另外，如果跑道超过 7 条，跑道与跑道之间的距离太近，我们在飞机上很难判断飞行方向是否和跑道的延伸方向一致。因此，最合适的跑道数量应该是 5 条。

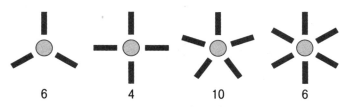

图 4-7　跑道的数量和可以引导的飞机数量
跑道从中央的航站楼呈放射状向外延伸。

不过，被子植物也有开五瓣花以外的策略。花瓣的宽度很宽，花瓣如果数量多就容易重叠在一起，负责传粉的昆虫难以靠"跑道"定位。因此，通过单纯地增加花的面积，被子植物也能使昆虫从远处就看到花。以面积取胜的是合瓣花，即花瓣部分或完全合在一起的花。除了演化出合瓣花，被子植物会用其他方法扩大花的面积。例如，菊科（菊花、蒲公英、向日葵、大蓟等）植物会将很多无柄小花聚集在一起形成大的花序（即头状花序）。

上面的"奇数更好，且奇数中数字 5 最好"的假说在棘皮动物身上、花上都得到了证实，我将这一假说称为跑道假说。

我们进一步将这个假说的应用范围扩大：假设生物自身不动，生物所处的环境是变化的，生物的结构如果与奇数相关，那么生物就能更好地适应环境。与此相对，如果生物需要频繁活动，并有确定的前进方向，那么为了减少阻力，生物的身体会沿前进方向变长。生物如果身体左右不对称，就无法笔直地前进，因此需要频繁活动的生物逐渐演化出足（翼）的数量为偶数且足（翼）对称分布于身体两侧的外形。

假说2：足球假说

还有其他用来解释棘皮动物为什么拥有五辐射对称身体的假说。棘皮动物用骨片覆盖身体表面以保护身体。要想使骨片严密地覆盖身体，骨片必须毫无缝隙地排列在一起，那么我们来思考一下用哪种正多边形的骨片更好。

如果用骨片覆盖平面，那么等边三角形、正四边形（正方形）、正六边形的骨片都可以完美地覆盖整个平面，但是正五边形和正七边形的骨片会留有缝隙。

但是，如果用骨片覆盖立体的物体呢？棘皮动物的祖先主体呈椭球形，主体通过茎固定在底质上。要想包裹这样的身体，用哪种形状的骨片更好呢？可以确定的是，正多边形的骨片无法完美地覆盖球体。

那么，我们可以反过来思考：使用哪种正多边形的骨片可以尽可能地拼接出接近球形的形状？只由一种正多边形组成的多面体被称为柏拉图立体（图4-8），数学家证明了世界上只有5种柏拉图立体：正四面体（由4个等边三角形组成）、正六面体（由6个正方形组成）、正八面体（由8个等边三角形组成）、正十二面体（由12个正五边形组成）、正二十面体（由20个等边三角形组成）。在这5种柏拉图立体中，只有正六面体是由有偶数条边的多边形组成的，其余都是由有奇数条边的多边形组成的。

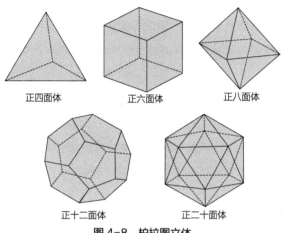

正四面体　　　　　正六面体　　　　　正八面体

正十二面体　　　　　正二十面体

图4-8　柏拉图立体

在5种柏拉图立体中，与球体比较接近的是正十二面体和正二十面体。那么，究竟其中哪一种更接近球体？通过比较这两个多面体内切球和外接球的体积就可以得到答案，内切球和外接球的体积差越小，多面体就越接近球体。根据计算，正十二面体和正二十面体这两个多面体的内切球和外接球的体积差相等，所以两者都与球体相似。也就是说，等边三角形和正五边形都能组成与球体相近的多面体，那么如果我们用正三角形或正五边形覆盖球，产生的缝隙就较小。顺便说一下，正十二面体是由五边形组成的，所以和数字5有关系；正二十面体的俯视图中有从中心向四周辐射的5条线，这样来看，正十二面体与数字5也有关系（虽然种说法相当牵强）。

怎样做才能让由正多边形组成的立方体更接近球体呢？在这方面最

具代表性的就是足球（图4-9）。足球由12张黑色正五边形皮革和10张白色正六边形皮革缝制而成。正六边形是由6个等边三角形组合而成的，因此，使用12个正五边形和60个正三角形也能做出这个形状。足球的形状被称为拟正多面体，由于这个立方体也可以通过将正二十面体的各个顶点切掉而形成，所以它也被称为截角二十面体。它比正十二面体和正二十面体更接近球体。

图4-9 足球

因此，我们用多个有5条边（或3条边）的面就能拼出十分接近球体的立方体。足球假说认为，棘皮动物为了使骨片尽可能严密地覆盖身体而演化出了正五边形骨片，多个正五边形骨片组合在一起使棘皮动物拥有五辐射对称的身体。

棘皮动物的"奇数演化之路"

有些研究者认为，早期棘皮动物的身体可能是三辐射对称的。他们认为，棘皮动物走了一条从3到5的"奇数演化之路"。

有一类原始的棘皮动物叫海旋板类。它们仅生活在寒武纪前期，有着橄榄球形身体，通过使尖的一端插入底质而立在海底。海旋板类没有腕，和其他棘皮动物一样，身体被板状骨片覆盖，它们因骨片呈螺旋状排列而得名。海旋板类摄食时会像我们拧毛巾一样拧自己的身体，通过使身体变得细长（有点儿像望远镜和照相机的伸缩式镜头变长）向食物所在的方向伸展，在拧身体的过程中，原本重叠在一起的骨片会分开。海旋板类的管足从身体表面的步带伸出，以捕捉悬浮物。海旋板类看起来只有 3 条步带，具有三辐射对称的身体是海旋板类的特征之一。

研究者认为，海旋板类在演化过程中，3 条步带中的 2 条又各自分化出 1 条，加上没有分化的 1 条，海旋板类就有了 5 条步带。这样的形态更接近现存的棘皮动物，如果这种假说成立，那么棘皮动物的确走的是从 3 到 5 的"奇数演化之路"。

非固着生活的棘皮动物

综上所述，我们可以得出这样的结论：拥有五辐射对称的身体对营固着生活的动物更有利。

不过，现在的很多棘皮动物都到处移动，但为什么它们还和它们的祖先一样，仍然保持着五辐射对称的身体呢？

这可能是因为这些动物，如海星和海胆，都只能以非常缓慢的速度移动。

我们先来说海胆。马粪海胆的移动速度约 2 米 / 时。海胆中移动速度最快的长刺海胆的速度也只有 27 米 / 时。实际上，这两种海胆的运动器官不同，马粪海胆靠管足移动，而长刺海胆靠棘刺移动。靠棘刺移动的海胆往往速度较快，但速度最高也只有 27 米 / 时。

海星靠管足移动。蓝海燕海星的移动速度约 1 米 / 时。蓝海燕海星分辨出天敌陶氏太阳海星的气味后，就会加速逃跑，即使是在逃跑时，蓝海燕海星的移动速度也只有 5 米 / 时左右。

当棘皮动物以如此缓慢的速度移动时，水产生的阻力微乎其微。阻力与速度的平方成正比，速度越慢阻力就越小。如果时速只有几米，阻力就可以忽略不计，所以棘皮动物即使没有细长的身体也不会有问题。

因此，保持五辐射对称的身体比较好。

防御。如果身体是辐射对称的，那么生物就更容易应对环境中任一方向上的变化，这也适用于防御。对只能缓慢移动的动物来说，如何对付捕食者是生死攸关的问题。捕食者有可能从各个方向袭来，辐射对称的身体能使动物更好地防御捕食者。

在海洋中，身体细长且左右对称的动物用身体侧面推水游动。为了更好地游动而使身体变得细长，就意味着身体的侧面积很大。也就是说，身体细长意味着身体与外界的接触面积大，被敌人攻击的风险也较大。而球形动物（特别是海胆）相对表面积小，那么它们会受到攻击的风险也就较小。

此外，身体细长的动物有前后之分，它们必须朝头的方向移动。所以，如果敌人从前面攻击，那么身体细长的动物必须转身才能逃跑。而海星和海胆没有转身的必要，因为它们可以向任何方向移动。

获取食物。辐射对称的身体有利于获取食物。棘皮动物是通过气味来感知食物的，用于感知气味的器官就是管足。管足遍布棘皮动物的反口面。棘皮动物如果感知到食物的存在，不用转动身体，就能朝食物的方向移动。管足本身也是运动器官，如果先感知到食物存在的那部分管足向食物的方向移动，剩下的管足也会被牵引向同一个方向移动（参见第 120 ~ 123 页专栏）。

海胆以生长在海底的藻类为食，海星则将双壳类的壳撬开食用双壳类的肉。有些海星会捕食珊瑚和其他的海星，还有些海星会舔食覆盖在海底表面的生物膜。这些食物要么到处都有，要么逃得很慢。所以海星不需要快速追逐食物，只需大范围收集食物即可。

我们来联想一下扫地机器人。扫地机器人大都是圆盘形（即辐射对称）的，且没有固定的前进方向，这是因为它要想尽可能全面地清洁地面，就要能够朝任何方向前进，因此辐射对称的形状比较好。在这一点上，海胆和扫地机器人可以说是完全相同的。

综上所述，对自由移动的棘皮动物来说，拥有辐射对称的身体是有利的。由于辐射对称的身体可以帮助棘皮动物应对各种环境变化，棘皮动物也没有理由刻意改变祖先留下的外形，所以海胆和海星至今仍保持着五辐射对称的身体。

海胆移动时究竟哪边朝前？

从上往下看，规则海胆几乎是圆形的，中央是肛门，从中央向周围延伸出 5 条辐射状步带。无论我们在哪个方向上看，海胆都是一样的。但是，海胆的肛门旁边有一个入水孔，所以海胆并非完全是五辐射对称的。我们可以以这个孔为基准给 5 条步带编号。我们如果可以对步带进行区分，就可以弄清海胆移动时究竟哪边朝前（即海胆的身体是否有方向性）。

研究结果显示，规则海胆的身体没有方向性，它们移动时会使任一条步带朝前。不规则海胆的身体有前后轴，肛门位于后端，所以不规则海胆的前进方向一定与肛门的方向相反。

在规则海胆中，也有少数海胆（比如长刺海胆和马粪海胆）从上往下看身体不那么圆，更像椭圆形的（但是它们和大多数规则海胆一样，肛门位于壳的中央）。那么，长刺海胆和马粪海胆的身体是否有方向性呢？它们是否和其他身体细长且左右对称的动物一样，沿身体长轴方向移动？

研究者对长刺海胆进行了研究。如果长刺海胆在开阔的地方自由移动，它们的身体就不具有方向性，它们移动时会使任一条步带朝前。但是，长刺海胆如果沿着水槽壁移动，就会以使身体的长轴与水槽壁平行的状态移动。此外，在水槽边休息时，长刺海胆也会使长轴平行于水槽壁，贴在水槽壁上。因为如果使身体的长轴平行于水槽壁，水槽壁对身体的保护面积更大，因此我们可以这样认为，以使身体的长轴与水槽壁平行的状态移动可以更大限度地保证长刺海胆的安全。

身体细长且左右对称的动物之所以会沿身体长轴移动，是因为这样的移动方式可以减小阻力，这样可以使它们轻松快速地移动，但对移动速度非常缓慢的海胆来说，水的阻力并不成问题。因此，在开阔场所移动时，海胆会使任一条步带朝前。

不过，研究者还发现，有些非常圆的规则海胆的移动也具有方向性。这种情况也与"壁"有关。马粪海胆大都在水槽壁处休息。如果将马粪海胆抓起来放在水槽中央，它们就会使曾经接触水槽壁的一端向前并移动。马粪海胆应该是"记住"了接触水槽壁的身体部分，但是 30 分钟后它们就会忘记。

这个行为也是有意义的。马粪海胆觅食后准备回到栖息的岩壁时，只要使接触过岩壁的身体部分向前，就能回到藏身之处。即使马粪海胆无法做到笔直地移动，但只要不转动外壳就没问题，因为岩壁有一定的宽度，马粪海胆只要先找到岩壁，然后再沿着岩壁行进，就可以回到藏身之处。这一行为与海胆的"记忆"有关。但棘皮动物是没有脑的动物，它们究竟是如何形成记忆的完全是个谜。

我们也可以以水管系统的入水孔为基准给海星的腕编号，对海星的移动进行研究。研究结果显示，海星移动时，总是有一条腕会朝着移动方向移动，其他的腕会跟着这条腕一起移动。先移动的腕叫领导腕，跟着领导腕移动的腕叫跟随腕。研究者用了各种各样的海星做实验，并没有发现海星有特定的领导腕或跟随腕。

如果海星没有特定的领导腕，那么腕之间必须保持紧密的联系，才能确保海星协调地移动，因为同一条腕是作为领导腕还是跟随腕移动，管足的移动方向是不同的。

如果说有什么结构可以让所有管足统一运动，最有可能的就是神经系统。棘皮动物有围绕口的环状神经，也叫神经环。因为神经环最为明显，且会向每条腕辐射神经，所以曾被误认为是棘皮动物用于整合信息的中枢神经系统。

研究者针对槭海星的实验得到了有趣的结果。研究者将槭海星的一条腕切下来。如果腕连同神经环的一部分一起被切掉，那么这条腕会主动朝着特定的方向移动，也就是说，这条腕成了领导腕。但如果被切下来的腕没有神经环，这条腕就不会主动移动，成了跟随腕。这一结果使研究者认为，腕的移动方向是由神经环所决定的。

但是，在后续的研究中，研究者得出了不同的结论。另外，从形态学的角度来看，神经环并不像脑那样具有整合信息的作用。关于槭海星的这个有趣的实验结果暂时没有得到广泛认同的解释。

近年来出现了一种说法：棘皮动物通过管足之间单纯的力的耦合作用移动。棘皮动物的移动需要多只管足相互协调，但这不一定要靠神经来协调。也就是说，管足朝一定的方向移动，身体就会被向那个方向拉拽，其他的管足也会被拉拽，为了步调一致，所有的管足就都朝那个方向移动。这样看，即使没有什么特别的结构，海星也可以协调地移动。

本章主要探讨了棘皮动物为什么演化出五辐射对称的身体。无论哪种假说，我们都能得出结论：对棘皮动物来说，奇数（数字3或5）比偶数更好。不过也有例外，比如尖棘筛海盘车有8条腕，锦疣蛇尾有6条腕。

第五章

棘皮动物门Ⅱ：海参神仙般的生活

在第四章中，我们探讨了棘皮动物独特的五辐射对称的身体。在本章中，我们将对棘皮动物的另外 4 个特征——具有管足、皮肤内有骨片、具有握肌结缔组织、节能——进行探讨。

管足

管足广泛分布在棘皮动物的身体表面，对棘皮动物的生命活动起至关重要的作用。

管足是棘皮动物从体表伸出的透明细管，直径为 0.1 毫米到几毫米，柔软，能伸缩，还能灵活地弯折，内部充满了水。棘皮动物靠管足行走、觅食。

管足的基部位于壳的内侧，并膨胀成小囊，小囊叫作坛囊，可以蓄水。当坛囊收缩时，里面的水被挤压到管足的前端，在水压的作用下，管足从骨片上的小孔伸出体外。管足壁上的结缔组织呈环状排列，这使管足看上去有点儿像折叠风琴灯笼，可以自由伸展。管足伸长可达20厘米，处于收缩状态的管足只有2毫米长。收缩时，管足壁长轴方向的肌肉收缩，管足前端的水被压回坛囊内，坛囊就会膨胀。

如果棘皮动物在岩石上移动时管足前端受损，里面的水就会流出来。此外，如果管足突然强烈收缩，管足内部水压迅速大幅升高，水就有可能通过管足壁渗出。如果管足内缺水，管足就会萎缩、无法动弹。

为了避免上述情况的发生，棘皮动物内部有了水补给系统，即水管系统（图5-1）。水管系统连接体外和管足，主要组成部分包括石管、环水管、辐水管等。

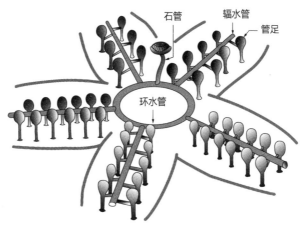

图5-1 海星的水管系统

水管系统的入水孔就在肛门的旁边，位于反口面中央的附近。入水孔有开闭式阀门，入水孔附近的石管（管壁含有石灰质的管）向口面延伸，与环水管连接。环水管是一圈环绕在口周围的管，它向每条腕辐射出 1 根水管，共 5 条水管。这 5 条水管叫辐水管，沿步带从腕的基部一直延伸到腕的端部。辐水管有很多短的分支，分支的末端连接着管足。连接处有阀门，阀门使管足和坛囊收缩时里面的水不会逆流到辐水管内。以上是海星的水管系统，不同种类的海星水管系统有相当大的差异。

管足的作用

　　管足有捕食、移动、呼吸、排泄、感觉等各种功能。最初，管足的作用是捕食，在棘皮动物从固着生活向自由生活演化的过程中，管足演化出了移动的功能。对棘皮动物来说，管足不仅要有移动的功能，还必须有吸附功能。于是，很多棘皮动物的管足前端都演化成吸盘，具有这种管足的海星、海胆、海参可以牢固地吸附在底质上。

　　吸盘的吸附力有多大？你如果试着把海胆或海星从岩石上扯下来就能明白了，无论用多大的力气，你都扯不下来。只要你摸到海胆或海星，它们的管足就会更牢固地吸附在岩石上，如果你生拉硬拽，管足会被扯断。要想将海胆或海星从岩石上扯下来，你可以从侧面悄悄靠近它们，在它们的身体和岩石之间猛地插入一把薄薄的铲子（你如果从上面靠近，就会在海胆或海星身上投下阴影，这会被它们觉察，于是它们会更牢固地吸附在岩石上）。

　　为何吸盘有这么大的吸附力呢？除了吸盘内部形成真空所产生的力的作用外，吸盘分泌的"黏合剂"也起到了一定的作用。海星的吸盘上有两种分泌细胞：当海星需要较大的吸附力的时候，其中一种细胞会分泌"黏合剂"将吸盘和底质紧紧粘住；当海星需要移动的时候，另一种细胞会分泌"剥离液"，将吸盘剥离下来。

我们人类的手和脚有感觉功能，因此我们可以通过触觉感知环境是否安全。棘皮动物也一样，它们的管足也有感觉功能，可以产生触觉、光感、味觉。也有的棘皮动物特化出了专门用于感觉的管足，比如海胆口周围的管足。海胆口周围的管足前端有很多神经细胞，专门用于产生味觉，不用于移动或吸附在底质上。

这么多管足伸出体外，使得管足与外界的接触面积非常大，这有利于管足从外界吸入氧气，也有利于管足将代谢废物排出。管足壁极薄，棘皮动物可以通过管足壁进行气体交换和排泄。也有将管足专门用于呼吸的棘皮动物。

皮肤内的骨片

提起骨骼，我们都会想到突起的硬物。造礁珊瑚、软体动物以及我们人类的骨骼都是这样的。不过，棘皮动物的骨骼是又小又薄的骨片，这些骨片大都靠结缔组织（韧带）连接在一起。所以，如果我们使棘皮动物的结缔组织溶解，棘皮动物就只剩下一堆骨片。

一枚骨片就是一个大的碳酸钙的结晶。在我们的印象中，碳酸钙的结晶具有规律的几何形状，但是，骨片多呈不规则的形状，更奇妙的是，骨片像海绵一样内部都是孔。这种充满孔的结构被称为多孔性细微构造（图5-2）。孔中充满可以制造骨片的细胞（即造骨细胞）等。另外，将骨片连接起来的韧带的末端缠绕在孔与孔之间的柱上。在多孔性细微构造中，孔的排列方式和孔的密度各不相同，但是我们如果从力学角度分析棘皮动物的多孔性细微构造，或许就能找到这种构造共同的特点。研究者暂未发现其他动物具有这种满是孔的骨骼。

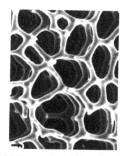

图 5-2　多孔性细微构造

海百合（正新海百合）腕的骨片。孔径大约有 20 微米。

小且满是孔的骨片以及骨片由韧带连接这两点使棘皮动物的外壳不易裂开。为了防止外壳裂开，棘皮动物花了很多心思，我们来一一了解。

多孔的骨片不易断裂。这么说可能会让人感到有些不可思议，因为蜂窝糖和硬的饴糖用牙稍微咬一下，就"咔嚓"一声碎了。这是因为蜂窝糖和硬的饴糖中孔与孔间的柱太细。事实上，骨骼内部有适量的孔有助于防止骨骼断裂。理由是，骨骼非常坚硬，一旦受到损伤产生裂纹就极易发生断裂，而骨骼内部的孔使裂纹不易传导和扩大。

如果坚硬的材料产生裂纹后被拉伸，拉伸的力就会集中于裂纹的前端，从而造成裂纹变大，使得材料断裂。但是，如果材料内部有孔，裂纹在有孔的地方就不会再扩大。裂纹的前端与孔连成一体的话，外力就会分散，所以裂纹就不容易继续向下发展。

棘皮动物骨片中的孔还有其他的作用。孔中的造骨细胞可以治疗骨骼的受损部分，使损伤得到及时修复，从而避免损伤造成的裂纹传导。多孔性细微构造既可以使骨片不易断裂，又可以使断裂的骨片迅速修复。

由骨片组成的骨骼不易受损。前面我们了解到棘皮动物单枚骨片不容易受损，由骨片组成的骨骼也不容易受损。

骨片很小且都独立存在，因此即使有一枚骨片受损，骨片上的裂纹也不会传导给其他的骨片。像骨骼这样容易传导裂纹的物质，只要将它分成更小的组成部分，它就不容易受损了。

用韧带连接起来的骨片不易受损。棘皮动物分散的骨片要如何相连来应对拉力呢？有 3 种解决方法：可以用"黏合剂"将散乱的骨片黏合在一起（就像用砂浆将砖砌在一起一样），也可以将所有骨片用可塑性材料包裹起来，还可以将骨片用"绳子"连起来。第一种和第二种解决方法的缺点在于，当骨骼被拉伸时，骨片黏合处容易断裂，或包裹骨片的可塑性材料容易撕裂，骨骼整体的抗拉性不强。但是，如果用"绳子"将骨片连在一起，"绳子"具有较强的抗拉性，使得骨骼也有较强的抗拉性。此外，即使骨片上有裂纹，当骨骼受到拉伸时，裂纹随着力向四周传导，在遇到"绳子"时，传导就会停止，裂纹不会对骨骼整体造成破坏。因此，棘皮动物用韧带（即"绳子"）将硬质骨片连接起来，这种骨骼结构具有良好的抗拉性和抗压性。

韧带上的"心机"。在棘皮动物的体内，不仅大的、完整的骨骼被拆分成小的骨片，韧带也被拆成数根更细的结构——胶原纤维。胶原纤维主要由胶原蛋白组成。胶原蛋白分子呈线形，由 3 条多肽链缠绕在一起形成；多个胶原蛋白分子平行排列形成了胶原原纤维；多条胶原原纤维平行排列就形成了胶原纤维；胶原纤维聚集成束状，形成胶原纤维束；胶原纤维束聚集起来，成为与骨片连接的韧带（图 5-3）。

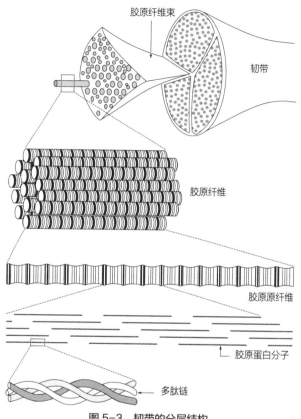

图 5-3　韧带的分层结构

　　分层结构使胶原纤维不易断裂。我们知道，塑料绳有很强的抗拉性，但是，一旦塑料绳上有裂痕，只要我们施加大的拉力，绳子就会轻易断裂。然而，在同样粗的、由多条细的塑料绳拧在一起形成的绳子中，即使某一条塑料绳上有裂纹，受到拉力后断裂的也只是这一条塑料绳，绳子整体不会断裂。"如果将一个结构拆分成小的部分，裂纹就不容易传导，那么整个结构就不易断裂"，这个原理我们已经在本书的很多地方看到了。

胶原纤维被一层由黏多糖构成的、十分柔软的凝胶所包裹，这样一来胶原纤维就不会散乱。另外，因为有凝胶，胶原纤维具有一定的抗压性，胶原原纤维之间的缝隙也被凝胶填充，有助于防止裂纹进一步传导。

棘皮动物不仅骨片不易破损，连接骨片的韧带也不易断裂。

外骨骼和内骨骼

位于表皮细胞外侧的骨骼是外骨骼，位于表皮细胞内侧的骨骼是内骨骼，这是被棘皮动物研究者所采用的定义。但是，脊椎动物研究者将骨骼按照位于皮肤外和皮肤内分为外骨骼和内骨骼，并将由表皮细胞分泌的骨骼称为皮肤骨骼，皮肤骨骼是外骨骼。

于是，对外骨骼和内骨骼的定义就产生了混乱：一个研究领域中的外骨骼，却在另一个领域被定义为内骨骼。棘皮动物的骨骼就是很好的例子。

如果我们依据"位于表皮细胞内侧的骨骼是内骨骼"的定义，那么棘皮动物的骨骼就是内骨骼。但是，如果我们依据"皮肤骨骼是外骨骼"的定义，棘皮动物的骨骼是由皮肤（表皮）细胞分泌的，那么棘皮动物的骨骼就成了外骨骼。

两种定义只是视角不同，重要的是不要造成混乱。在本书中，我采用的是棘皮动物研究者采用的定义，即根据骨骼相对表皮细胞的位置来区分内骨骼和外骨骼。

壳与生长

除海参以外，棘皮动物的身体都被坚硬的壳所包裹，而且壳上有棘刺。其中，海胆的棘刺最为明显，其余的棘皮动物也都具有短棘刺，因此大部分棘皮动物都有保护自身安全的装备。我们已经了解到，身体被坚硬的壳所覆盖的贝类和昆虫的生长过程很艰难，那么棘皮动物的生长过程又如何呢？

棘皮动物与贝类和昆虫不同的地方在于，棘皮动物的骨骼为内骨骼，内骨骼被生长细胞所包裹，而且骨片具有多孔性细微构造，骨骼中也充满了生长细胞。在生长细胞的作用下，骨骼可以变大，受损后也可以修复。此外，与骨片相连的韧带的硬度可以改变，变得柔软的韧带可以被随意地拉伸或者切断。因此，棘皮动物不存在贝类和昆虫的生长问题。

下面，我们就来了解一下可以自由改变硬度的"绳子"，即握肌结缔组织，握肌结缔组织仅在棘皮动物中存在，是非常独特的结缔组织（有关结缔组织的内容请参见下页的专栏）。

握肌结缔组织

现在，请把手举起来。我们通过使手臂和肩部的肌肉收缩将手举起，但是保持举手的姿势很累，我们不可能长时间举手。这是因为肌肉一直在收缩，如果肌肉收缩的时间过长，就会有大量乳酸堆积在肌肉中，从而导致肌肉疲劳。那么假设我们举起手后，手臂和肩部的皮肤突然变硬，会发生什么呢？皮肤变硬后，即使肌肉舒张，手臂也能够保持举起的状态。想要将手放下，只需使皮肤变柔软就可以了。由此我们可以得出结论，我们如果可以改变皮肤的硬度，就可以轻松地保持姿势。

棘皮动物就可以改变皮肤的硬度。棘皮动物能够迅速改变皮肤和韧带（即结缔组织）的硬度以保持姿势。我将棘皮动物独特的结缔组织称为握肌结缔组织。这里，我借用了贝类的握肌（参见第 88~91 页内容）的概念。握肌是一种特殊的肌肉，它可以不知疲倦地使贝壳保持闭合状态。棘皮动物的皮肤和韧带也有类似的作用，但皮肤和韧带不是肌肉，而是结缔组织，因此我将棘皮动物的结缔组织称为握肌结缔组织。

结缔组织

我们来了解一下结缔组织。身体由很多细胞组成。细胞各有分工，具有相同功能的细胞聚集在一起形成组织。动物组织大致分为 4 种：上皮组织、结缔组织、肌肉组织、神经组织。上皮组织由紧密排列的上皮细胞组成。上皮组织不仅覆盖体表，还覆盖体内有腔器官的腔面。覆盖在体表的上皮组织就是表皮。而肌肉组织和神经组织分别由肌细胞和神经细胞组成。

然而，如果我们说结缔组织由结缔细胞组成，就是错误的，因为不存在结缔细胞。结缔组织是将其他组织连接起来的组织。例如，真皮将表皮（覆盖在体表的上皮组织）和表皮内侧的肌肉组织连接在一起，真皮就是结缔组织。肌腱（连接肌肉和骨骼的组织）、韧带（连接骨骼和骨骼的组织）等都是结缔组织。

一般的组织都由细胞紧密排列而成，但在结缔组织内，细胞和细胞之间有很大的空隙，空隙被细胞分泌的细胞外基质填充。细胞外基质的主要成分是蛋白质（包括胶原蛋白和弹性蛋白等纤维状蛋白质）和被称为黏多糖的高分子多糖类（透明质酸和硫酸软骨素等高分子）。这些物质的名称经常出现在护肤品和保健品的广告中。我们的皮肤和关节软骨的主要成分就是这些物质。

几乎所有的黏多糖分子都带负电荷，负电荷可以吸附周围的水。吸水后，黏多糖分子就会膨胀，变成含大量水的凝胶状物质。我们可以想象吸了水的纸尿裤（纸尿裤中的高吸水性聚合物也是带负电荷的高分子物质），具有一定的弹性。结缔组织中的凝胶状黏多糖同样具有弹性。在软骨中，凝胶状黏多糖占了大半，使得骨骼容易滑动，还起到了缓冲作用。

在真皮和韧带中有大量胶原纤维（软骨中也含有胶原纤维），胶原纤维异常坚韧。在真皮中，胶原纤维交织在一起，形成有一定厚度的膜覆盖体表；韧带和肌腱沿同一个方向延伸，像绳子一样拧在一起，负责稳定骨骼和关节。

在真皮和韧带中，胶原纤维散布在凝胶状黏多糖中，真皮和韧带可以看作是纤维增强复合材料。在日常生活中，常见的纤维增强复合材料有纤维增强塑料（FRP），包括向柔软的塑料基质中加入大量玻璃纤维的玻璃纤维增强塑料，以及加入大量碳纤维的碳纤维增强塑料。塑料基质抗压性强，玻璃纤维或碳纤维抗拉性强。纤维有助于防止裂纹的传导。作为既轻又强韧的材料，纤维增强塑料多被用于制造小型船只。

脊椎动物的骨骼中含有大量胶原纤维，骨骼也可以算作纤维增强复合材料，作为基质的是磷酸钙，作为纤维的是胶原纤维。

在动物体内，胶原蛋白是最多的蛋白质，比如在人体内，胶原蛋白占全部蛋白质的 1/3 左右。

海胆的棘刺

我们来看看握肌结缔组织是如何发挥作用的。

海胆也叫海栗子，因其满是棘刺的壳和被带刺壳斗包裹的栗子一模一样。不过，海胆的棘刺和栗子壳斗的刺不尽相同。栗子壳斗的刺是一直立着的。但是，海胆的棘刺与壳之间有可以活动的关节（图5-4）。海胆的壳上有很多鼓起来的疣突（参见图4-2），棘刺就生在疣突上。关节位于棘刺的基部和疣突之间，关节处有肌肉。肌肉的上端附着在棘刺的基部，下端附着在疣突的旁边，如果肌肉收缩，棘刺就会倒下。因为棘刺的基部围绕着一圈肌肉，所以海胆可以使棘刺朝任何方向倒下，且从垂直立着到完全倒伏在壳上，海胆的棘刺可以成任意角度。

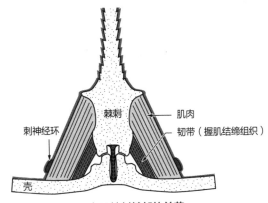

图5-4 海胆棘刺基部的关节

图为长刺海胆的横切面图。肌肉和韧带都具有从神经环辐射出的神经。

圆锥状肌肉层将每根棘刺的基部包裹住，使棘刺和外壳连接在一起。实际上，在肌肉层的内侧，还有将关节包裹起来的、使棘刺和外壳连接在一起的圆锥状结缔组织，这就是韧带，它的特点是可以变硬。当棘刺倾斜时，变硬的韧带可以使棘刺固定在某个角度。这样一来，就算我们用手指按压海胆的棘刺，棘刺也纹丝不动。但是，如果我们用蛮力按压海胆的棘刺，海胆的韧带就会撕裂。

海胆白天大都躲进岩洞里，它们会将一部分棘刺对着洞口，形成"矛阵"，并把另一部分棘刺插入岩壁以固定身体。这样，捕食者就很难从洞外攻击海胆。由于海胆将棘刺插入岩壁，鱼即使咬住海胆的棘刺想要将海胆拽下来，也很难成功。此外，由于棘刺是张开的，所以海胆很难被拽出狭窄的洞口。使棘刺保持张开和竖起状态的是韧带。到了晚上，海胆外出觅食时，韧带会软化以解除棘刺张开和竖起的状态，而且海胆会收拢棘刺，以便穿过狭窄的洞口。

肌肉与韧带的合作

只要我们触到海胆的一根棘刺，这根棘刺就会竖起来准备御敌。于是，这根棘刺基部的韧带就会变硬，使棘刺保持竖起的状态。此外，这根棘刺周围的棘刺也会做出反应，朝这根棘刺的方向倾斜，以保护身体。倾斜的棘刺的韧带会变软，这是为了不妨碍肌肉使棘刺倾斜。肌肉和韧带相互协调，这是由神经控制的。

举个例子。长刺海胆（图 5-5）是一种大量生活在热带海域（主要是珊瑚礁海域）的黑色海胆，浑身长满了密密麻麻的、细长的棘刺。我们不小心被它的棘刺扎到的话，会感到很疼。

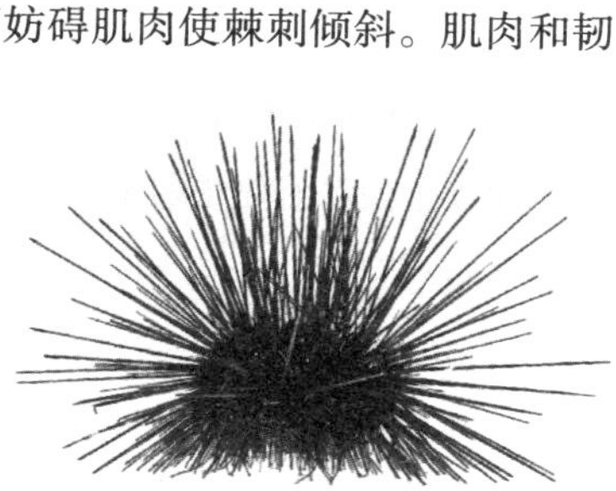

图 5-5　长刺海胆

当有阴影投射在长刺海胆的身上时，长刺海胆会激烈地挥动棘刺，这是长刺海胆对捕食者的反应。虽然在棘刺的保护下长刺海胆非常安全，但它们仍然存在天敌。长刺海胆的弱点在口面，这里没有被长而尖的棘刺所覆盖。叉斑锉鳞鲀等大型鱼会叼着长刺海胆的棘刺向上游，到达目的地后就会放开长刺海胆。

长刺海胆虽然可以安全地落在底质上，但是如果运气差，口面朝上落在底质上，马上就会被鱼咬住，将壳撕开并吃掉里面的软体部分。为了防止这种情况发生，长刺海胆会提早挥动棘刺，这样一来就不容易被叼走了。鱼从上方发动攻击时，阴影会先落在长刺海胆的壳上。长刺海胆感觉到有阴影，就会迅速摆动棘刺，这一现象叫作阴影反射。阴影反射过程中有辐神经参与。

发生阴影反射时，韧带会变软。在实验中，当研究者对辐神经进行电刺激时，长刺海胆会做出类似阴影反射中的摆动棘刺的动作，同时其韧带会变软。能在神经的支配下适当地改变硬度，这是握肌结缔组织的一大特征。

海胆的壳

海胆的壳和我们的头骨构造极为相似。相似点包括：都是由骨质"瓷砖"排列围成的球形，骨质"瓷砖"可以保护内部结构；相邻的骨质"瓷砖"的接合面都有锯齿状缝合线，缝合线处有结缔组织。

海胆与人类头骨的不同之处在于，大部分海胆用于连接骨片的是握肌结缔组织，其硬度会发生变化。平时，握肌结缔组织变硬，可以将骨片紧密连接在一起；当壳需要变大时，握肌结缔组织就会变得柔软、易伸展，骨片与骨片之间就会形成间隙。新的骨片会在间隙中生长，使壳变大。

　　除了在生长期，海胆的壳都很坚硬且不会变形。不过，也有平时也会改变壳的形状的海胆——裸软海胆。顾名思义，裸软海胆壳很软。这种海胆的骨片没有紧密连接在一起，而像瓦片一样叠在一起。骨片之间依靠握肌结缔组织和肌肉连接在一起，握肌结缔组织变硬时，骨片之间就会紧密结合，使壳变硬。如果握肌结缔组织变软，裸软海胆的壳就会变形，通过连接骨片的肌肉的收缩，壳的形状可以在一定程度上改变。

　　因此，我们用裸软海胆做了这样的实验：在烧杯里装满海水，将比烧杯直径略大的裸软海胆置于烧杯上，使裸软海胆的口位于烧杯口中央，棘刺搭在烧杯的边上。慢慢地，裸软海胆会使壳在口面和反口面方向上伸长，以缩小直径，约10分钟后，裸软海胆就完全掉入烧杯里了。

　　裸软海胆是比较原始的海胆。棘皮动物祖先的壳就是由通过握肌结缔组织连接起来的覆瓦状骨片组成的。海胆从这种原始的壳演化成了常见的骨片紧密相连的、更坚硬的壳。

海星的体壁

　　海星的壳和裸软海胆的一样，都是由握肌结缔组织和肌肉连接骨片而成。骨片埋在真皮层中，真皮层也是握肌结缔组织。海星的骨片的排列方式多种多样，除了像瓦片一样重叠排列的方式（与裸软海胆骨片的排列方式一样），还有像铺路石一样严丝合缝地整齐排列的方式（图5-6），还有由棒状或多边形骨片通过端部相连形成笼状结构的排列方式（图5-7）。笼状结构中骨片之间的间隙很大。海星骨片的间隙越大，壳就越软，越容易变形。

　　具有由结缔组织连接的骨片形成的骨骼，就意味着每枚骨片的连接处都有关节。也就是说，海星身体上全是关节，因此海星的身体可以自由变形。

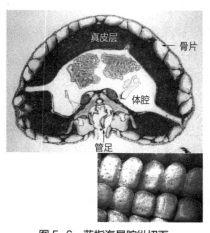

图 5-6　蓝指海星腕纵切面

骨片在体表附近严丝合缝地整齐排列，骨片下面有厚厚的结缔组织。右下图是只剩下骨片的壳。

这或许有点儿令人意外。因为触摸过活海星的人可能会觉得海星的身体非常硬，这是因为海星的保护模式被触发了，此时握肌结缔组织是硬的。要想看海星灵活地变形，我们可以把海星翻过来放在地上。一段时间后，我们就会发现，海星会先翻转一部分腕，使腕上的管足接触地面，以此为支点拉动身体，从而翻转过来。海星还能将所有的腕一起向上撑——这时它看上去像开放的郁金香，然后将身体往一侧倒，从而翻转过来。海星有各自擅长的翻转方式，但在翻转过程中，它们都会使腕弯曲。

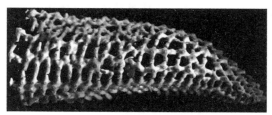

图 5-7　笼状的骨骼体系

图为多棘海盘车的腕去除软体部分的侧视图。

　　海星捕食双壳类时，也会显著变形。海星会将中央盘高高撑起（从侧面来看，海星的身体呈 Ω 形），趴在双壳类上。接着，海星保持趴在双壳类上的姿势使握肌结缔组织硬化，让身体变得极其坚硬。这样做的目的是保持身体的稳定。然后，海星收缩管足，使出全部力气打开双壳类的壳（如果海星身体柔软，无论它怎么收缩管足，身体都会变形，它就无法施力）。海星打开双壳类的壳的具体方式是，先用管足调整壳的位置，使壳的连接处朝下、开口朝上，也就是使壳的开口位于海星的口的正下方，再将多只管足吸在壳上，通过收缩管足来打开壳。

　　海星管足壁上的结缔组织也是握肌结缔组织，其作用是帮助管足收缩发力从而将管足固定住。如果管足壁上的握肌结缔组织变硬，那么管足就可以对壳持续发力。双壳类的闭壳肌可以持续收缩，而海星的握肌结缔组织可以使海星长时间撬壳，因此海星和双壳类的攻防就是一场旷日持久的较量，短则几小时，长则几天。当双壳类因疲劳或"疏忽大意"使壳稍微张开的时候，海星会立刻将胃从口中翻出来并从双壳类的壳的缝隙间塞进去。海星的胃会分泌消化液，将双壳类壳内的软体部分溶解、吸收。

海星的毒素

　　如果握肌结缔组织变硬，海星的壳就会变硬。不过，与海胆相比，海星没有长的棘刺，骨片之间有很多缝隙，所以海星的防御"装备"有漏洞。在撬双壳类的壳时，海星要长时间在壳上停留，一动不动地待在没有遮挡物的地方。可能正因如此，海星为了防止捕食者偷袭，会分泌毒素——皂苷，它可以破坏细胞膜，对鱼类有很强的毒性作用。很多植物都含有皂苷，人参和一些祛痰药物中的有效成分也是皂苷。一直以来人们都以为皂苷是植物特有的化合物，但日本研究者发现，海星和海参体内也有皂苷。

海参的体壁

图 5-8 是海参的纵切面图。我们可以看到，海参的身体像竹轮一样是中空的，不过，海参体内中空的部分（即体腔）被体液填充。体腔内漂浮着肠道和生殖腺（图中已去除）。图中厚厚的一层就是真皮层，我们已经知道，海参的真皮层是握肌结缔组织。通过将图 5-8 与图 5-6 对比，我们能直观地看到海参没有壳。海参的骨片直径只有 0.1 毫米，散布在真皮层中。我在前面提到过，海参的祖先曾一度潜入沙子中生活，所以失去了壳，身体变得细长。

海参失去了壳，取代壳的是厚厚的体壁。散布在真皮层的骨片的作用和轮胎中的石墨粉一样。轮胎之所以呈黑色，是因为石墨粉混在了橡胶中。石墨粉的微粒很硬，橡胶比较软且容易磨损，于是混合了石墨粉的橡胶就变得既硬又耐磨。同样，真皮层中坚硬而微小的骨片使体壁变得既硬又不易磨损。

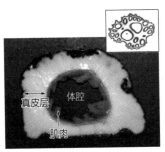

图 5-8　海参的纵切面

厚厚的真皮层占据了体壁的大部分，中央是体腔（里面的器官都被去除了）。海参的肌肉主要位于体腔和真皮层的交界处。右上图为体壁中的骨片（直径约 0.1 毫米）。

表皮的硬度变化

海参的真皮层很厚，我们可以从中提取很多实验用的样品，所以我在研究中很喜欢使用海参（去掉一部分皮的海参被放回海里后，失去的部分可以再生，海参还可以生存下去。不用杀死实验样本也是我常用海参做实验的理由之一）。绿刺参、玉足海参、白底辐肛参等栖息在日本冲绳珊瑚礁海域的海参都曾经对我的研究有很大的帮助。我特别要感谢绿刺参，这种海参为我深入研究棘皮动物提供了契机。

如果我们用手摸绿刺参，绿刺参表皮就会突然变硬，开启保护模式。如果我们用手捋绿刺参的表皮1分钟左右，绿刺参竟然会"融化"，最后变成一摊黏液。我在冲绳工作不久后，就欣喜地看到海边有很多海参，我在"玩"海参的时候发现了这个现象。这究竟是为什么？有了这个疑问后，我开始深入探索海参的世界。

在研究海参表皮（也是握肌结缔组织）的硬度时，我发现海参的表皮有3种硬度：坚硬（用手触摸表皮时）、标准硬度（用手触摸表皮之前）、柔软（不停地捋海参的表皮时）。

坚硬的海参表皮具有弹性。弹簧如果被拉长，就会产生与拉伸长度成一定比例的拉力，坚硬的海参表皮也是如此，被拉得越长就会产生越大的抵抗力来保护自己。海参的表皮会对所有的外力都做出反应。坚硬的表皮不仅可以保护身体，还可以保持身体姿势。

平时，海参表皮的硬度就是标准硬度。也许有人会问，海参的身体一直坚硬不是很安全吗？并不是这样的。标准硬度的表皮如果只是稍微被拉伸，是不会产生抵抗力的。只有当表皮被施加了足以使表皮拉长1/10的拉力，表皮才会产生很大的抵抗力。也就是说，标准硬度的表皮会"偷懒"，并非对任何外力都产生抵抗力。这有助于海参顺畅地移动，当有波浪或沙粒等碰撞海参的身体时，海参的身体不会产生大的抵抗力，海参只要稍稍变形就可以解决问题。这是"以柔克刚"的生存策略。

我们如果不停地将海参的表皮，就会发现它的表皮越来越软，最后甚至会"融化"成一摊黏液。也就是说，海参的表皮出现了应变软化现象，变得越来越柔软。

海参变软的时候

海参"融化"是为了自我保护。海参含有海参素，这是一种皂苷，它对鱼类有很强的毒性作用，所以海参一般不会被鱼类吃掉，但也有耐皂苷毒性的鱼类（如河豚、鲨鱼等）。海参的表皮被撕扯时，会出现应变软化现象，被撕扯的部分会变得非常柔软，上面会出现小孔。海参会从小孔中释放出肠道，并趁着捕食者吃它们肠道的时候逃走。海参释放肠道的行为叫自切（为了让主体存活而牺牲身体一部分的行为），它与握肌结缔组织有关。海参表皮上的小孔很快就会得到修复，肠道也会在一个月左右再生。海参是一种再生能力极强的动物。

对海参来说，比鱼类更难对付的强大敌人是大型螺类和海星。海参的毒性对大型螺类和海星没用。海参有时会被鹑螺（一种壳径超过 10 厘米的大型螺）袭击。鹑螺一面展开外套膜一面爬行，一旦遇到海参，就会把外套膜罩在海参上，把海参裹起来，然后将海参送到口边，最后将海参整个吞下。这时，海参采取的行动很有趣。它们会让被包裹住的部分表皮变硬，让紧贴表皮内侧的身体部位变得非常柔软。然后，海参会收缩身体，这样一来，变硬的表皮不会变形，但身体内侧会收缩起来，与坚硬的表皮分离。这样，海参就可以只将坚硬的表皮留给鹑螺，剩下的部分从表皮中脱离。

这和我们被坏人抓住衣服时脱下衣服逃跑一样。海参行动迟缓，螺类也一样，且二者视觉都不发达，所以，一旦身体摆脱了螺类的控制，海参就安全了。

柔软的表皮在海参进行无性生殖时也会起作用。海参有雌性和雄性之分，它们可以通过将卵细胞和精子释放到海水中进行有性生殖，也可以进行无性生殖。有的海参既可以进行有性生殖又可以进行无性生殖。绿刺参就是这样的，它们会根据季节变化采取不同的生殖方式。绿刺参进行无性生殖时，细长身体的中央部分的表皮会变得非常柔软，然后绿刺参会头朝前、尾朝后慢慢拉伸身体，表皮柔软的部分被拉伸，最后断裂成两个部分。这两个部分各自再生出缺少的部分，几个月后，就变成完整的海参。

海参柔软的表皮还有其他作用。绿刺参在夜间会躲在岩石间。当它们通过岩石缝隙的狭窄入口时，表皮会变得柔软且容易变形，进入缝隙后表皮就会变硬。即使有强大的波浪，绿刺参也不会被冲出来，甚至被捕食者咬住的时候，绿刺参也不会被拽出来。

硬度变化的机制

胶原纤维是真皮层的主要成分。我们如果用电子显微镜观察海参的真皮层，就可以看到构成胶原纤维的胶原原纤维（图5-9）。胶原原纤维的横切面大致呈圆形，直径约为1/20 000毫米。胶原原纤维会从各处伸出像腕一样的结构，与相邻的胶原原纤维连接。如果表皮硬度增大，像

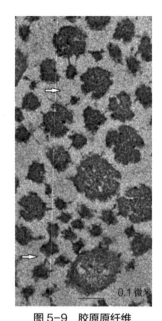

0.1 微米

图 5-9　胶原原纤维

图为玉足海参体壁中胶原纤维的横切面，此时表皮的硬度为标准硬度。胶原原纤维的粗细有差异，它们之间的连接清晰可见（箭头所指的结构）。

腕一样的结构的数量也会增多。如果很多胶原原纤维连接在一起，胶原纤维就不容易被拉伸，表皮也不容易变形，表皮的硬度就会变大。

但是，仅仅用胶原纤维之间连接数量的变化无法清楚解释海参表皮的特性。

我进一步仔细观察了海参真皮层中胶原原纤维在电子显微镜下的照片，发现了表皮处于柔软状态下特有的变化。表皮柔软时，胶原原纤维会变细。胶原原纤维是由更细的胶原蛋白分子构成的。可以这么说，胶原原纤维是由更细的纤维构成的。如果表皮柔软，那么胶原蛋白分子的黏合力就会下降，表皮被拉伸时，胶原蛋白分子就会滑动，胶原原纤维就会变细。表皮受到的拉伸力越大，胶原原纤维就越细，最后变得极细的胶原原纤维就会散布在凝胶状黏多糖中。这与海参"融化"的状态相对应。

通过电子显微镜观察得到的结果与生物化学的推测相吻合。作为黏合剂主要成分的蛋白质 tensilin 和作为剥离剂主要成分的蛋白质 softenin 都存在于海参的真皮层中，这些蛋白质可以被提取出来。当把提取出的 tensilin 注射给真皮层，真皮层就会变硬。有实验表明，tensilin 起到了黏合作用。研究者溶解了海参真皮层中的凝胶状黏多糖后，得到了含胶原蛋白分子的悬浊液，在电子显微镜下，悬浊液中的"细丝"若隐若现。如果向悬浊液中添加 tensilin，"细丝"就会凝结，从而变粗、变长，并缠绕在一起。所以，我们可以把 tensilin 看成将"丝线"粘在一起的黏合剂。

　　与 tensilin 相对，softenin 可以使真皮层变柔软。在上面的实验中，tensilin 使胶原蛋白悬浊液中的"细丝"缠绕成团，如果我们加入 softenin，成团的"细丝"就会溶解——softenin 是可以消除黏合作用的蛋白质。图 5-10 展示了海参真皮层的硬度变化机制。

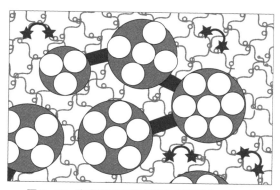

图 5-10　海参真皮层的硬度变化机制（示意图）

胶原蛋白分子（白色圈）通过 tensilin（灰色部分）黏合成胶原原纤维，胶原原纤维相互连接（粗黑线）形成胶原纤维。胶原纤维分散在凝胶状黏多糖（网状物）中，黏多糖之间也有连接（两端为★的弧线）。当真皮层的硬度发生变化时，胶原蛋白分子和胶原原纤维的黏合力以及连接的数量都会发生变化。

受神经支配的握肌结缔组织

　　我在前面提到，握肌结缔组织的硬度受神经支配。与长刺海胆相同，当阴影投射在海参的身体上时，海参也会使表皮变硬进入防御状态。海参和海胆都没有眼这样的视觉感觉器官，分布在体表的神经可以感知光影，这些神经对机械刺激也有反应。研究者从海参的体壁中发现了几种特有的神经肽（神经肽是神经细胞分泌的肽类），我们可以推断，海参的神经支配机制是这样的：神经在受到刺激后，末端会分泌乙酰胆碱和某种神经肽，这种神经肽会作用于体壁中的一种分泌细胞，这种分泌细胞会释放出使结缔组织硬化的物质（即 tensilin）。还有一种神经的末端会分泌名为霍洛奎宁的神经肽，它作用于体壁中的另一种分泌细胞，这种分泌细胞会释放出使结缔组织软化的物质（即 softenin）。

握肌结缔组织的能量消耗

握肌结缔组织还有一个显著特征是可以长时间保持坚硬的状态，在这种状态下，握肌结缔组织消耗的能量相当少。究竟会消耗多少能量，我进行了测定。

消耗能量最少的是标准硬度的握肌结缔组织。柔软的握肌结缔组织消耗的能量是标准硬度的握肌结缔组织的 10 倍。我原本以为坚硬的握肌结缔组织会比柔软的握肌结缔组织消耗更多的能量，但测定结果表明，坚硬的握肌结缔组织消耗的能量只是标准硬度的握肌结缔组织的 1.5 倍。握肌收缩时消耗的能量是静息状态的 1.5 倍（第 90 页）。虽然倍数相同只是巧合，但如此低的倍数应该是有意义的。通常，除了肌肉，动物还有其他专门用于保持姿态的身体结构，虽然种类不同，但它们都进化出了用于保持姿势的结构，这说明这种结构是极其有优势的。尽管动物形成这种结构需要消耗一定的能量，但这种结构节约的能量远远少于消耗的能量。

此外，柔软的握肌结缔组织消耗的能量是标准硬度的握肌结缔组织的 10 倍，这一结果让我大吃一惊。但仔细想想，这是可以理解的：只有在被捕食者袭击时等非同寻常的情况下，海参的结缔组织才会变软，这种情况不会频繁出现，海参也不会长时间使结缔组织变软。

与肌肉比较

那么，我们最想知道的是，为了保持姿势，肌肉收缩消耗的能量和握肌结缔组织变硬消耗的能量有多大的不同。我进一步进行了测定，结果如下。

1. 握肌结缔组织变硬消耗的能量只是肌肉收缩消耗能量的 1/10。

2. 为了保持姿势，身体结构会持续发力来抵抗外力。通过比较相同的横截面积的抵抗力我们发现，变硬的握肌结缔组织的抵抗力比肌肉的大 10 倍。也就是说，在抵抗相等外力的情况下，握肌结缔组织使用的组织量只有肌肉使用的组织量的 1/10。

将以上两个结果结合起来可以发现，为了保持姿势，变硬的握肌结缔组织消耗的能量仅为肌肉收缩消耗的能量的 1/100（即将 2 个 1/10 相乘）。结果显而易见，握肌结缔组织最节能。

肌肉在静息状态下消耗的能量竟然是标准硬度的握肌结缔组织消耗的能量的 3 倍（是坚硬的握肌结缔组织消耗的能量的 2 倍）。也就是说，肌肉仅仅保持活性就需要消耗大量能量。此外，肌肉的合成成本也很高。肌肉是由肌细胞组成的，而握肌结缔组织的主要成分是非细胞物质。与生成无生物活性的物质相比，生成细胞的成本更高。因此，棘皮动物用握肌结缔组织来保持姿势是相当聪明的决定。

实际上，海参没什么肌肉。让我们再看一下图5-8。海参主要的肌肉位于体腔和真皮层的交界处，体壁上只有这些肌肉；除此之外，肌肉还分布在管足和肠道中，但并不多。

通过解剖海参以测量肌肉在其身体中的占比我们了解到，海参的肌肉占其身体的7%。也就是说，海参的肌肉量非常少。在哺乳动物体内，肌肉占45%（肌肉的重量占体重的近一半）。那么结缔组织呢？在海参体内，结缔组织占60%；在哺乳动物体内，结缔组织占14%。也就是说，海参的真皮层占身体的一半以上，甚至可以说，海参是几乎只有皮的动物。

人体内消耗能量最多的是肌肉，肌肉消耗的能量占整个身体消耗能量的2/3。据此我们可以推测，肌肉量少的海参消耗的能量也较少。

节能

棘皮动物比其他动物消耗的能量少得多。昆虫和贝类等变温动物在重量相同的情况下，消耗的能量差不多。而棘皮动物与重量相同的变温动物相比，消耗的能量仅为变温动物的1/10；棘皮动物与重量相同的恒温动物相比，消耗的能量仅为恒温动物的1/100。所以，动物中最节能的是棘皮动物。

减少能量消耗，改变饮食习惯

生物没有能量就无法生存。动物从食物中摄取能量，食量与能量消耗量成正比。为了减少能量消耗，动物除了可以减小食量之外，还可以吃营养价值极低的食物。也就是说，能量消耗极少的棘皮动物可以吃营养价值低、无法被其他动物当作食物的东西。

海参就是这样做的。海参会用触手缓缓抓起周围的沙粒塞进口里。沙粒是矿物，不能提供营养。海参的营养其实来自沙粒中的有机物颗粒（生物遗骸分解的产物等）和沙粒表面的生物膜。即便如此，进入海参体内的大部分都是沙粒，营养价值极低。如果我们人类采用与海参相同的摄食方式，我们就必须吃山一样多的沙粒才行。此外，动物如果胃里有大量沙粒，就会影响移动速度，容易被捕食者抓住。正因为海参消耗的能量极少，所以只吃一点儿沙粒它们就能生存。

神仙般的生活

海参大多生活在沙底。海底到处都是沙粒，其他动物都不会关注沙粒，所以海参可以随便吃。海参就生活在它们的食物上面，完全不用担心食物被吃光。

而且海参具有握肌结缔组织和毒素，使其几乎不用担心捕食者。也就是说，海参既不用四处逃跑，又不用四处觅食。因此，肌肉量少对海参来说也不成问题。由于肌肉量少，海参身体的大部分都是保护身体的真皮层。海参对捕食者来说是没有营养的食物，所以捕食海参的动物较少，海参相对比较安全。

既不用担心没有食物，又不用担心被吃，它们过的不就是神仙般的生活吗？

其他的棘皮动物和海参类似。

大多数海百合避开捕食者众多的浅海，移居深海。生物遗骸分解所产生的有机物颗粒会从浅海落到深海，所以海百合只要在有水流的地方定居，食物就会源源不断地漂来。而且由于海百合也有握肌结缔组织，所以海百合也可以轻松地保持姿势，持续摄食。骨片使海百合更安全。海百合也过着既不用担心没有食物又不用担心被吃的神仙般的生活。

海胆的食物是藻类。只要是阳光充足的地方，藻类就会到处生长。不过，阳光充足的地方地势开阔，动物在这里无处藏身并容易被捕食者发现。而且藻类营养价值低，那些以藻类为食的动物要想获得足够的营养，就需要吃大量的藻类。所以，如果以藻类为食，动物就需要在危险的地方长时间停留。海胆正好适合这样的生活，它们有独特的壳，还有由握肌结缔组织支撑的棘刺。有这样的"防护罩"，海胆就可以尽情地吃藻类。海胆也不用担心没有食物和被吃。

海星也是一样的。虽然双壳类不会逃走，数量也很多，但海星必须花费一些时间才能将双壳类的壳撬开，此外，在摄食期间，海星还有可能被其他捕食者吃掉。不过，海星可以靠握肌结缔组织撬开双壳类的壳，而且握肌结缔组织变硬时可以起保护作用，加上海星能分泌有毒的皂苷，所以海星也不用担心没有食物和被吃。

活动量很小的棘皮动物

动物大致可分为两种：运动型动物和防御型动物。

运动型动物对自己的四肢有足够的自信，脊椎动物就是其中的代表。脊椎动物有着发达的四肢或鳍，行动迅速；脊椎动物还有发达的感觉器官（如眼睛），能够敏锐地觉察到食物，确保先于其他动物捕捉到食物；脊椎动物还能敏锐地感知敌人从而迅速逃跑。而支撑着如此发达的感觉器官的是同样发达的神经系统，发达的神经系统能快速准确地处理感觉器官捕捉到的信息。但是，运动型动物防御能力较差。因为如果有沉重的"盔甲"，运动型动物就无法迅速移动。然而，如果运动型动物为了移动得更快而使肌肉更发达，那么在其他捕食者眼里，运动型动物就有可能被当成有营养的食物，被捕食的风险也变大。

防御型动物与运动型动物相反，珊瑚、藤壶、营固着生活的贝类就是其中的代表。它们用漂亮的壳保护自己，既不逃跑也不四处觅食，因此它们的运动器官、感觉器官和神经系统都不发达。

不过，棘皮动物与以上两种动物都不同，它们既有一定的运动能力，又有良好的防御能力，这在动物中实属罕见。当握肌结缔组织变软的时候，棘皮动物的身体会具有一定的柔韧性，这时它们可以缓慢地移动；当握肌结缔组织变硬的时候，棘皮动物拥有可以与防御型动物媲美的防御能力。

运动型动物会因费时费力和伴随的危险而放弃食物，而棘皮动物因为有良好的防御能力，能够尽情地摄食。防御型动物只能捕食随水流漂来的有机物颗粒等，而棘皮动物具有一定的运动能力，可以在一定范围内移动并摄食（但受限于行动迟缓的管足）。

棘皮动物介于频繁活动的动物和完全不活动的动物之间。棘皮动物只需要稍微活动一下，就能独占两边的动物都无法得到的食物。棘皮动物靠"蓝海产业"立身，不与其他动物竞争，它们以和平的方式过上了神仙般的生活，这得益于它们独特的身体构造。

用韧带代替肌肉？

海百合靠茎立在底质上，而将茎固定在底质上的是卷枝（参见图

4-3）。卷枝是从茎上长出来的"细枝"，微曲，顶端突出呈爪状，可以抓住岩石。茎是由圆盘状骨片堆叠而成的，卷枝也一样，卷枝的骨片与骨片之间有关节，由韧带连接。

海百合的茎立在底质上，海百合的主体在水流中展开腕，腕伸出管足捕捉随着水流漂来的有机物颗粒。管足靠内部的肌肉带动。茎和卷枝偶尔也会动一下以改变形状，但是，茎和卷枝都没有肌肉。这真是不可思议。于是，我对正新海百合关节处的韧带进行了研究，结果发现韧带不仅会改变硬度，还会通过收缩来发力。

海百合用韧带（握肌结缔组织）代替肌肉来收缩，这是前所未有的发现。虽然研究结果令人吃惊，但这并不难理解。我们通过前面的内容已经知道，海参的握肌结缔组织变硬时会失水。失水的组织体积变小，也就是收缩。所以，随着变硬，握肌结缔组织也会收缩（收缩幅度很小）。也就是说，硬度变化机制相当于收缩机制。最明显的例子应该就是海百合的韧带。（遗憾的是，我还没来得及做相关实验。）

可以收缩的握肌结缔组织不仅出现在海百合的茎和卷枝上，还出现在海百合的腕上。不过，海百合的腕上有肌肉。海百合的腕也是由圆盘状骨片堆叠而成的，关节处的骨片由韧带和肌肉连接。我们人类的腕关节都有肌肉，这些肌肉分为使腕关节屈曲的屈肌和使腕关节伸展的伸肌（第 34~37 页）。但是，海百合腕关节处的肌肉结构与众不同。海百合只有使腕向内（口的方向）弯的肌肉（与屈肌类似），使腕向外弯的是韧带，韧带通过收缩使腕向外弯。也就是说，在海百合的腕关节处，肌肉和韧带发挥相反的作用。看到这里，有人可能会想起双壳类的闭壳肌和韧带（第 88 页）。不过，双壳类的韧带只是单纯起弹簧作用，不会主动收缩，而在海百合的腕关节处，韧带可以自发地收缩以发力。

海百合不会一直待在同一个地方，偶尔也会换一个地方栖息（在水流发生改变或没有食物随水流漂来的情况下，如果不移动就只能等死）。正新海百合会用腕以约 5 厘米/时的速度爬行，或攀爬到岩石上。我们如果观察它们的动作，就会发现它们一边使腕向外弯，一边慢慢地推地面，从而让身体移动。使腕向外弯的是韧带，也就是说，正新海百合移动的动力来自韧带。

那么，海百合什么时候使用肌肉呢？当遇到危险，需要迅速使腕向内弯以遮盖身体的时候。快速运动时使用肌肉，缓慢运动时使用韧带——海百合会根据自己的需求来使用不同的组织。

向"二刀流"的演化

棘皮动物的祖先骨片之间应该没有肌肉。我们虽然无法从化石中直接得知棘皮动物的祖先有无肌肉，但通过对现存棘皮动物的多孔性细微构造中的孔的开孔方式的研究，可以知道与韧带连接的孔和与肌肉末端连接的孔存在差异。如果这种规律也适用于棘皮动物的祖先，那么我们可以根据化石推测，棘皮动物的祖先骨片的接合处应该是没有肌肉的。棘皮动物的祖先在摄食状态和非摄食状态下，壳的形态以及从壳中伸出的腕的形态应该有所不同。如果棘皮动物的祖先没有肌肉，那我们就只能认为它们的动作是通过韧带收缩来完成的。

棘皮动物的祖先在强大的捕食者出现后，为了应对捕食者带来的威胁，从固着生活转变为偶尔活动。在生活方式转变的过程中，它们的骨片之间出现了肌肉，肌肉使身体更柔软，能够迅速变形。于是，棘皮动物就可以借助管足来移动，还能提高棘刺的反应速度，更容易藏身于岩洞中。在肌肉所在的位置还有结缔组织，这使得结缔组织的功能被特化为改变身体硬度，因此，除了和祖先一样营固着生活的海百合外，其他棘皮动物的结缔组织的收缩功能就逐渐退化了。以上是我的推测。

我们人类保持姿势有两个步骤：摆出姿势和保持身体不动。一般情况下，这两个步骤都是靠收缩肌肉来完成的。但棘皮动物的祖先是通过能够改变身体硬度和收缩的结缔组织来完成这两个步骤的。无论是哪种情况，都只有一种组织参与保持姿势。而棘皮动物在面临强大捕食者带来的威胁时，竟然演化出了使用肌肉和握肌结缔组织这两种组织保持姿势的"二刀流"的结构。明明棘皮动物可以放弃握肌结缔组织，选择演化出发达的肌肉，但它们并没有这么做。

为了使"二刀流"成立，棘皮动物就需要使形成这两种组织所消耗的能量少于握肌结缔组织所节省的能量。在这种情况下，棘皮动物形成了总是保持同样的姿势，或者只是偶尔活动一下的生活方式。正因如此，握肌结缔组织才仅存在于棘皮动物中，且棘皮动物的握肌结缔组织异常发达。

棘皮动物既没有脑也没有心脏

棘皮动物没有脑，所以棘皮动物不会脑死亡。它们也没有心脏和血管系统，没有肺，没有眼睛。判断人生死的三大体征是心脏是否搏动、呼吸是否停止、对光是否有反应（在光线照射下，瞳孔会反射性收缩，这与脑的活动有关），但人的三大生命体征在棘皮动物身上都没有。那么，棘皮动物是没有生命的吗？当然不是。

在脊椎动物体内，指令会从脑流向身体的末端，血液会从心脏流向身体的末端。一旦心脏和脑被破坏，脊椎动物就会死亡。但是海参的身体裂开就会变成两个海参；海星可以用仅剩的一条腕再生出整个身体；海胆即使壳破裂，器官被释放到体外，身体也会在一段时间后恢复原状。

棘皮动物需要的功能是摄食、运动、呼吸、排泄、感知，而管足是具备这些功能的万能器官。管足分散在身体表面，但并不能整齐划一地行动。管足原本是捕食器官，只要对漂来的食物反射性地做出反应就可以。海胆的棘刺也分散在身体的表面，除了防御、运动，还参与摄食和呼吸，也是万能器官。当然，棘刺的主要功能还是防御，棘刺被触碰后会立起来或覆盖在被触碰的身体表面，只要反射性地做出反应就足够了。

需要由神经统一协调的大概只有用管足移动。然而，正如我们在第122页看到的那样，管足的移动可能并不需要神经的协调，靠力的耦合作用就能完成。因此，对棘皮动物来说，它们并不需要协调一切的脑。

由于作为呼吸器官的管足遍布体表，而且需要大量氧气的棘刺也位于体表，所以棘皮动物不需要氧气供给系统。棘皮动物的能量消耗很少，也不怎么需要氧气。它们只需搅动体腔中的体液，就可以将体表的氧气供给漂浮在体腔内的消化器官和生殖腺。因此，棘皮动物不需要具备哺乳动物那样的从中央向末端提供氧气的系统。

不是"中央集权"，而是"地方分权"

对运动型动物来说，为了快速移动、迅速判断和控制全身肌肉，它们必须迅速地向肌肉和脑部供给氧气和营养，所以它们形成了"中央集权"型身体。与运动型动物相对，防御型动物一旦确定了栖息的位置，就会听命于环境。像海百合这样的动物固着在底质上，靠水流将食物搬运过来，只要管足可动即可，所以防御型动物只需确保控制身体的某个部分可以生存下去就行。

那么，像海胆这样能稍微动一下的动物又是怎样的呢？如果从某个方向传来藻类的气味，最先感知到气味的管足会反射性地做出反应，向气味传来的方向移动。这样一来，其他的管足也会被拉拽着移动，海胆的整个身体都会朝着那个方向移动，海胆就能得到食物了。

德国的冯·尤克斯库尔对棘刺的运动进行了研究并发现，在棘刺的基部有使棘刺移动的肌肉和使棘刺保持一定角度的肌肉。后来，我的老师、日本东京大学的高桥景一发现，使棘刺保持一定角度的其实不是肌肉，而是握肌结缔组织（顺便一提，尤克斯库尔和高桥都研究贝类的握肌）。

尤克斯库尔在他的著作《从生物的角度看世界》中这样写道："狗走路时，会移动它的腿；海胆移动时，是它的足在移动……（海胆的棘刺）是独立的反射个体。……因此，我们可以将海胆的身体称为'反射联邦'。"

在第一章中介绍的珊瑚和在下一章中介绍的海鞘都是很多个体聚集在一起形成的群体。对固定不动或动作缓慢的动物来说，比起拥有"中央集权"型身体，营群体生活或拥有棘皮动物这样的"地方分权"型身体更合适。

第六章

脊索动物门Ⅰ：海鞘与群体生活

终于，我们将目光转向脊椎动物所属的脊索动物门。本章将介绍脊索动物门的海鞘和文昌鱼，下一章将介绍脊索动物门的脊椎动物。

吃海鞘的人应该对海鞘这种动物比较熟悉。在日本，人们吃的大都是真海鞘（用醋拌）。真海鞘很大，比成年人的拳头还要大一圈，外面的红皮被剥掉后，里面橘黄色的肉清晰可见。在韩国，人们还能吃到其他的海鞘。

几乎所有的海鞘都固着在海底的岩石上。海鞘既没有头也没有尾，外形酷似煤油灯的灯罩。海鞘的幼体和成体大不相同。海鞘的幼体（图6-1）形似蝌蚪，会扭动着尾巴游动。这样的家伙竟然和我们人类所属的脊椎动物有近缘关系，简直令人难以置信。

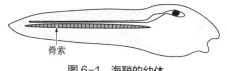

脊索

图6-1　海鞘的幼体

> **脊索动物门**
>
> 脊索动物门分为 3 个亚门。
>
> 1. 头索动物亚门（包括文昌鱼等）
>
> 2. 尾索动物亚门（包括海鞘、住囊虫、海樽等）
>
> 3. 脊椎动物亚门

　　文昌鱼因体呈鱼形而名称中带有"鱼"字。虽然文昌鱼的形态最接近脊索动物的祖先，但文昌鱼和脊椎动物的亲缘关系较远，反而是海鞘与脊椎动物亲缘关系更近——不过，我们很难从文昌鱼和海鞘的外形看出这一点，这是因为海鞘转为固着生活后，它们的形态就与脊索动物的基本形态相去甚远了。

　　文昌鱼体长 3 ~ 8 厘米，身体半透明，呈略带粉红的银色，内部器官可见。它们会尾朝下、身体几乎垂直地钻进沙中，只露出头部。它们会将海水从口吸入，用鳃滤食其中的有机物颗粒。有研究证明，脊索动物的祖先采用滤食的方式摄食。

脊索动物有脊索

　　海鞘、文昌鱼以及脊椎动物的共同特征是有脊索。脊索的英文 notochord 来自希腊语，其中 noto 指背部，chord 指乐器的弦。

　　脊索指位于身体背面沿正中线纵向排列的棒状结构（可用于支撑身体）。我们可以将脊索想象成注满水的细长的气球。无论是将气球拉长还是压扁，因为里面的水的体积不变，所以气球会对外力产生很强的抵抗力，只要外力消失，气球就会恢复原状。

　　脊索动物祖先的身体是柔软的，呈蠕虫状（形似蚯蚓）。我们一般认为，脊索动物的祖先没有骨骼，所以游动时，它们只能笨拙地左右摆动细长的身体，游动速度慢。位于脊索左右两侧的肌肉交替收缩，使身体能够更有效地左右摆动，从而推水产生反作用力（图 6-2）。脊索虽然没有骨骼那么硬，也不具关节，但或多或少能使肌肉发挥一定的作用。

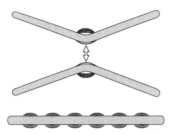

图 6-2　脊索与肌肉（示意图）

一对位于脊索两侧的肌节可以使脊索向相反的方向交替弯曲（上图）。如果许多对肌节沿着脊索排列，并依次收缩，脊索就能波动起来（下图）。

　　文昌鱼的身体是半透明的，它们体内的肌肉一目了然。透过文昌鱼的皮肤，我们可以看到文昌鱼体内从头至尾沿脊索排列着许多成对的肌节（肌肉的分节），它们以脊索为轴左右对称。它们就像竹节一样连成一排，从侧面看有点儿像小于号（＜）。如果肌节从最前面开始依次收缩，文昌鱼就能像鳗鱼一样，身体波动着游动。

　　脊椎动物的脊柱是由坚硬的脊椎组成的，脊椎通过关节连接成柱状。每个关节处都附有肌节，排成一列的肌节依次收缩，脊椎动物的身体就可以波动起来。脊椎的作用和脊索的作用大致相同。我们如果将鱼皮剥开，就可以看到呈 W 形（W 的开口朝着头部）的肌节从前向后排列。动物如果不需要骨骼又要能够游动，拥有脊索就是不错的选择。

　　脊索与运动紧密相关，这一点可以在海鞘身上体现出来。海鞘在能自由游动的幼体阶段有脊索，但到了营固着生活的成体阶段，脊索就消失了。海鞘的幼体形似蝌蚪，特点是尾部有脊索，具有这个特点的动物被称为尾索动物（与海鞘幼体的脊索不同，文昌鱼的脊索一直延伸至身体的前部，具有这个特点的动物被称为头索动物）。海鞘幼体会扭动着尾巴游动，它们不进食，游动只是为了找到合适的栖息地。海鞘幼体找到水流中有丰富食物的地方后，会附着在这里的岩石上（它们先用口固定在岩石上，随着变态发育，朝下的口开始向上移动），并进行变态发育（它们的尾巴及其中的脊索会在变态发育中消失），成为成体。

脊索的结构

　　脊索呈棒状，被结实的结缔组织所包裹。所有脊索动物的脊索具有相同的结构。但是，不同脊索动物构成脊索的细胞不同。

　　海鞘的脊索由空泡化细胞（即里面全是水的细胞）构成。充满水的气球是对海鞘的脊索最恰当的比喻。而文昌鱼的脊索则呈横向的棒状，脊索外部被由结缔组织构成的膜所包裹，像是由一枚枚硬币堆叠而成的，一枚枚硬币就是肌细胞。肌细胞在收缩时并非横向收缩，而是竖着收缩。肌肉收缩时，肌肉附着的这部分脊索就会变细，变细的脊索容易弯曲。就这样，脊索即使没有关节，也可以任意弯曲，这就是文昌鱼脊索的独特之处。除了通过弯曲使动物运动，脊索还起着固定内脏的作用。

　　有的脊索动物（如七鳃鳗和鲟鱼）终生都保留脊索，但有的脊索动物（比如以人类为代表的哺乳动物）只在发育初期有脊索，之后脊索会被脊椎代替。被由结缔组织构成的膜包裹着的脊索中充满了多边形的细胞。也许有人认为，脊索只在发育初期出现，所以它对动物没有任何意义。事实并非如此。脊索在动物幼体中起支撑身体的作用，而且脊索还可以向周围组织发送信号分子，对动物的发育起到重要作用。

海鞘的身体构造

　　我们可以把海鞘想象成茶壶。茶壶上面加热水的口相当于海鞘的入水孔，侧面壶嘴上倒茶水的口相当于海鞘的出水孔。图 6-4 是去掉了一侧体壁的海鞘。顺便说一下，海鞘有出水孔的一侧为背面，与背面相对的是腹面。海鞘身体正中有像茶壶的柱形过滤网一样的咽头（鳃笼）。巨大的咽头之下是零星分布的内脏。看到这样的身体构造，你应该就能理解为什么我说海鞘体内有个巨大的过滤器了。

　　海鞘体内的过滤器的构造和文昌鱼的基本一样，所以我们先简单介绍一下文昌鱼的过滤器（图 6-3）。海水从口进入文昌鱼体内，经过长长的咽头。咽头位于口和食管之间，长度可达体长的近一半。实际上，咽头这条细长的管位于另一条细长的管，也就是围鳃腔之内。咽头有很多缝隙（180 个以上），这些缝隙叫作鳃裂。海水被鳃裂过滤后，从咽头进入围鳃腔内部，再从围鳃腔内部到达位于身体后方的围鳃孔（出水孔），从此处流出体外。咽头发挥鳃的作用，鳃裂相当于鳃丝之间的缝隙。咽头和鳃都是呼吸器官。文昌鱼还利用咽头过滤食物，其过滤食物的机制与双壳类的鳃过滤食物的机制相同。沿着鳃裂边缘生长着很多纤毛，纤毛起到引起水流的作用。纤毛一起摆动，使海水从口进入咽头。水通过鳃裂流到围鳃腔，再被挤出体外。

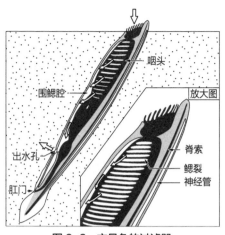

图6-3 文昌鱼的过滤器

图为文昌鱼潜入沙子滤食的状态。右下是文昌鱼前部的放大图。从围鳃腔到肛门的大片黑色的部分是消化管，口后方是又长又大的咽头。咽头有很多缝隙（即鳃裂），海水被鳃裂过滤，经围鳃腔从出水孔流出（白色箭头方向表示水流方向）。

　　但是，文昌鱼和双壳类过滤有机物颗粒时使用的装置不同。双壳类的纤毛起过滤的作用，而文昌鱼的黏液是过滤装置，黏液由内柱分泌，可以粘住有机物颗粒，并将其从咽头送到食管。

　　那么，海鞘的过滤器（图6-4）又是什么样呢？文昌鱼的咽头细长，但海鞘的咽头又粗又短。海鞘将粗短的咽头贴在岩石上，海水先从入水孔进入宽大的鳃笼，最后进入咽头。海鞘的咽头就像孔很大的竹笼。海水会通过咽头上的孔进入围鳃腔后流出。孔上有黏液，水会透过黏液流出，水中的有机物颗粒就留在了黏液上。咽头底部变细连接胃，留下的有机物颗粒连同黏液一起进入胃，在肠中被消化，最后从肛门随围鳃腔中的水从出水孔被排出。

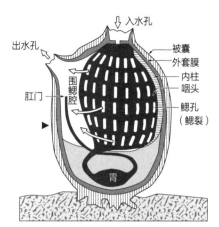

图6-4　海鞘的过滤器

箭头方向表示水流方向。

　　我们来看海鞘的体壁。体壁的最外层较为粗糙，也叫被囊。有被囊是尾索动物的重要特征，因此尾索动物也被称为被囊动物。被囊的英文是tunic，原指古罗马人穿的长及膝的袍子，现在也泛指女性的束腰外衣。被囊下面有一层薄薄的表皮，表皮下面有肌肉层（也叫外套膜）。

　　被囊、表皮和外套膜组成了体壁。外套膜的内侧与覆盖围鳃腔的上皮相接。贝类也有外套膜。贝类外套膜的外侧有壳，海鞘外套膜的外侧有被囊。被囊和壳一样，都是由表皮细胞分泌的，但是被囊中有血管和各种各样的细胞。所以，很难说被囊是像贝壳或昆虫的表皮一样的外骨骼。被囊可以随着海鞘身体的变大而变大，所以海鞘无须蜕皮。

　　被囊的硬度因物种的不同而有很大差异。真海鞘的被囊呈较硬的皮革状，悉尼海鞘的被囊则像软骨一样硬，琼脂海鞘[①]的被囊像琼脂一样呈

①　学名 *Eugyra glutinans*，暂无中文名，此处为日文名称的直译。——译者注

黏稠状。

被囊是由纤维素构成的。纤维素是构成植物细胞壁的物质，曾被认为是植物所特有的。实际上，纤维素也存在于动物体内，不过只在尾索动物中被发现。这种动物性纤维素被称为被囊纤维素。

纤维素是由许多葡萄糖分子组成的高分子多糖，植物用纤维素构成结实的细胞壁有助于细胞保持形态和保护内部的原生质体。几乎没有动物能消化纤维素。在阳光充足的地方，植物一动不动地暴露在捕食者眼皮底下，好在由纤维素构成的细胞壁可以保护植物的安全。

海鞘也一动不动地待在开阔、有水流的地方。和植物一样，海鞘也暴露在捕食者眼皮底下。在这样的环境中，海鞘演化出了由纤维素构成的被囊。通过阅读前面的内容，我们知道，即使是隶属于不同分类系统的动物，只要生活在相似的环境中，经过严格的自然选择，也会做出同样的演化选择。

滤食

海鞘的摄食方式为滤食。和文昌鱼一样，海鞘的鳃起水泵的作用，会引起水流，黏液可以过滤水流中的有机物颗粒。

海里有很多滤食性动物，比如双壳类用纤毛搅动水流来收集食物，海百合则在有水流的地方扎营，用管足捕食。南极磷虾将长着细毛的6对胸足摆成笼子的形状游动，以过滤浮游植物。须鲸会将南极磷虾等小型动物连同海水一股脑吞下，这些小型动物会被位于须鲸口部的鲸须过滤出来。

为什么海洋中有那么多滤食性动物？

海洋中滤食性动物很多，因为海中漂浮着很多微小的食物。陆地上的生物遗骸会腐烂变质，但海洋中的生物遗骸会被分解成小的有机物颗粒。

海中还漂浮着能进行光合作用的藻类。陆地上的植物扎根在土里，而在海洋中，只有沿岸较浅的海域有固着在海底的藻类。太阳光会被水吸收，光最多只能到达水深 100 米的地方。在广阔的海洋中，漂浮在海面附近的浮游藻类是光合作用的主角。

体形小的生物容易被捕食者吃掉，但是要想使体形变大，一定要有支撑身体的结构。然而，有了支撑身体的结构，身体就会变重，就会下沉。如果生物沉到光照不到的地方，就无法生存了。为了不下沉，生物就要考虑如何浮在海面上。但是，海面波浪大，紫外线也很强，生物还要直接面对风雨和寒流，所以海面是非常不适宜生物生存的环境。而浮游藻类体形极小，这就导致它们极其容易被海面的表面张力所困住，无法下沉，只能一直漂浮在海面附近。

因此，对浮游藻类来说，适宜生存的是离海面不太远的地方。于是，浮游藻类的比重变得比海水大，这使得它们可以保持下沉的趋势不浮到海面。为了控制下沉的速度，浮游藻类体表长出了突起（以增加水的阻力）或鞭毛（以游泳）。

浮游藻类并不像一般的植物那样拥有无法被消化的细胞壁，因为一旦有了细胞壁，身体就会变得容易下沉。于是，浮游藻类索性将能量（植物用这些能量合成用于保护自身的细胞壁）用于繁殖，不断地增加个体数量。"赶不尽杀不绝"——这就是浮游藻类的策略。而采取这种策略的结果就是海洋中漂浮着大量"毫无防备"的浮游藻类。浮游藻类太容易获取了，所以海洋中有大量以浮游藻类为食的浮游动物，而将浮游藻类和浮游动物一网打尽的方法就是滤食。因此，海洋中有大量的滤食性动物。

海鞘的滤食机制

图 6-5 是海鞘的横切面图，占据中央大部分空间的是咽头。咽头与入水孔相连，海水会流入这里。咽头像是用细长的竹条编成的笼子。笼子的孔是鳃孔，在竹条的边缘排列着侧纤毛。所以，鳃孔是被侧纤毛包围着的。当侧纤毛拨水时，咽头中的水会通过鳃孔进入围鳃腔。

咽头远离出水孔的一侧有一自上而下的沟状结构，称为内柱。咽头离出水孔近的一侧则生有背板。

海鞘通过内柱的黏液细胞分泌的黏液来过滤食物。内柱上的长纤毛沿着咽头的内表面生长，以运输黏液。虽然在图 6-5 中省略了，但咽头的内表面也有纤毛，黏液被位于咽头内表面的纤毛带动，在咽头的内表面移动，并过滤水中的有机物颗粒，水透过黏液和鳃孔流出。黏液一边收集有机物颗粒，一边向背板移动。我们可以将背板想象为自上而下的传送带。

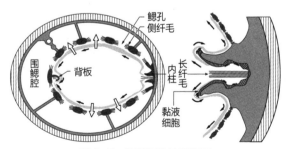

图 6-5　海鞘咽头的横切面

左图为图 6-4 中黑色三角形所指位置的横切面图，右图是内柱放大后的样子。白色箭头方向表示水流方向，黑色箭头方向表示黏液的移动方向。

"传送带"表面长着纤毛，通过它的摆动，粘着有机物颗粒的黏液被送入胃里。

　　黏液细胞分泌的黏液是由糖蛋白构成的孔非常小的网状物，"网眼"的直径大约是 1/2000 毫米。"网眼"如此小，以至于黏液可以将浮游生物和细菌从水中过滤出来。此外，黏液中含有碘元素（但碘元素的具体作用不明）。也就是说，内柱是位于咽头腹面、能分泌含碘黏液的分泌腺。在脊椎动物体内，与内柱类似、能分泌含碘物质的结构是甲状腺，甲状腺可以分泌含碘激素（即甲状腺素）。

群体

　　很多海鞘都会形成群体，能形成群体是尾索动物的特征之一。群体指由多个通过无性繁殖方式产生的、相互连接的个体组成的聚合体。海鞘群体中的个体都在同一个被囊内，个体间大多以柄相连，有些海鞘的个体通过血管相连。

群体的形成方式

　　海鞘群体的形成方式和造礁珊瑚群体的形成方式一样，有分裂和出芽两种。分裂指亲代使身体分裂，从而产生子代。出芽指亲代身体上的一部分长出芽体，芽体发育为子代。

　　分裂。 多褶列精海鞘依靠分裂增加个体数量，下面我将以这种海鞘为例讲解分裂过程。这种海鞘的个体长仅几毫米，会从灯罩形身体的较粗的部分伸出细细的"尾巴"。较粗的部分内部有鳃笼，"尾巴"中有胃、肠、生殖腺、心脏等。

"尾巴"上不断长出凹痕，每一个凹痕都会断开，断开的一截截"尾巴"变成个体。形成的个体虽然在同一个被囊中，但身体完全分离。所有个体都转动身体朝着母体的方向（尾巴与母体的方向相反）移动。移动到母体身边后，个体将各自的出水孔靠近母体的出水孔，形成共同的排泄腔，个体以共同的排泄腔为中心，形成放射状排列的系统。大的群体可能有许多这样的系统。

有共同的排泄腔的好处有二：其一，如果某一个个体的入水孔旁是其他个体的出水孔，那么这个个体就有可能吸入其他个体的排泄物，有共同的排泄腔可以使所有个体的出水孔集中在一起，就可以防止前面的情况发生。其二，共同的排泄腔可以形成大的水流，使个体排水速度更快，进而使个体吸入海水的速度也更快。

出芽。体壁膨出产生芽体，芽体将会变为子代的个体。芽体一般膨出自海鞘附着岩石的那一面。以匍匐纵列海鞘为例。匍匐纵列海鞘的子代一个接一个地排在母体的旁边，形成层状结构，群体会像薄板一样扩张。到了夏季，一个只有米粒大小的个体只需要一个月就能发展出直径 10 厘米左右的群体。

草莓、吊兰等植物会通过匍匐茎产生子代个体，肠生殖腺目的海鞘也会用类似的方法繁殖。与匍匐茎对应的是海鞘的芽茎。芽茎出芽形成粒状个体，个体呈点状分布。芽茎由被囊中的血管向外延伸而成。血管里有"隔断"，使流出的血液和回流的血液不会混合在一起。出芽时，血液和细胞聚集在芽茎的中间形成芽体，然后芽体发育成子代。

同样有血管参与出芽的是菊海鞘（图 6-6 展示了史氏菊海鞘的群体）。在海鞘个体的内部，血管的末端是开放的，血液流到组织之间，为组织供氧。但是，被囊中血管的末端是封闭的，这个封闭的结构被称为壶腹（也叫罍），像一个稍微鼓起来的袋子。血液聚集在壶腹的基部，血管壁的细胞将其包围，从而形成芽体。

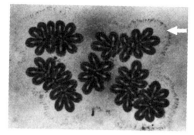

图6-6　史氏菊海鞘的群体

史氏菊海鞘的个体只有米粒大小，它们进入同一个被囊形成群体。箭头指的是被囊。

我们顺便来了解一下海鞘的心脏。由于血管止于壶腹，这样一来海鞘就可能会有血液堵塞的危险。但是，不用担心，海鞘的心搏方向可以改变，从而使血流方向周期性变换。海鞘的心脏呈管状，收缩的波从管的一端传到另一端，管内的血液流回心室后再被压出去。这种波的传播方向会发生逆转。

接下来我们来了解一下壶腹。壶腹的英文是 ampulla，我们在医院常见的安瓿（装注射剂用的密封的小玻璃瓶）的英文 ampul 就来自 ampulla。在动物学中，充满液体的膨胀的小结构的英文名称都是 ampulla，棘皮动物管足处的坛囊的英文也是 ampulla。ampulla 源于希腊语 amphora，指古希腊时期的双耳细颈瓶。

营群体生活的动物

我们来总结一下营群体生活的动物。

> 刺胞动物门：造礁珊瑚、红珊瑚、软珊瑚、僧帽水母
>
> 内肛动物门：分散巴伦支海虫

刺胞动物。造礁珊瑚是本书第一章的主角，它们都是六放珊瑚，与八放珊瑚是近亲。红珊瑚是八放珊瑚，其群体呈树状，在深海有水流的地方安营扎寨，以有机物颗粒和浮游生物为食。当然，因为红珊瑚栖息于深海，所以体内并没有能够进行光合作用的虫黄藻。之所以红珊瑚与有些造礁珊瑚一样呈树状，是因为这样的外形可以增加与水流接触的面积，以收集更多的食物。不过，同为八放珊瑚的软珊瑚（如肉芝软珊瑚和伞软珊瑚，图6-7）和造礁珊瑚一样体内有虫黄藻。软珊瑚因没有坚硬的外骨骼而得名，它们的外骨骼变成小骨片分散在体内各个地方（和海参一样）。软珊瑚都有毒性，这大概是为了防御吧。

图6-7　软珊瑚

除珊瑚虫纲外，刺胞动物门还包括水螅虫纲、钵水母纲和立方水母纲。水螅虫纲和钵水母纲的动物有水母体和水螅体世代交替的现象。群体出现在水螅体世代（有例外）。

钵水母纲动物的水母体很大，直径可达近 1 米。我们在说某种钵水母时，一般指的都是它们的水母体。钵水母的水螅体很小，只有几毫米到几厘米。水螅虫纲动物的水母体比钵水母纲的小得多。很多水螅虫纲动物在幼虫阶段也会形成群体（多为羽毛状或树状）。例如，羽螅和两列海笔螅等会形成羽毛状群体，多孔螅可以形成树状、块状、板状群体。要注意，多孔螅虽然不是造礁珊瑚，但有刺细胞。在水螅虫纲中有一类叫管水母的动物，一只管水母就是一个大型群体。例如，僧帽水母是一种漂亮的蓝色管水母，有着像僧帽一般的浮囊和长达数米的触手。它们的触手上有刺细胞，人们一旦被蜇到，就会像触电一样休克并感到剧痛，因此僧帽水母也被称为电水母。浮囊是装满气体的"袋子"，能发挥浮子的作用，可以使僧帽水母漂浮在海面上。僧帽水母的数条长触手垂于水面之下，碰到触手的生物会触发僧帽水母触手上的刺细胞，从而成为僧帽水母的食物。僧帽水母可以捕捉到相当大的鱼。僧帽水母的身体是由外形和功能各不相同的许多个体组成的，因为个体不具有体壁，所以僧帽水母看起来十分像一个完整的个体。

内肛动物。 内肛动物和下面要介绍的苔藓动物以前被人们归为同一类，二者可以根据肛门的开口位置是在触手冠的内侧还是外侧进行区分，肛门位于触手冠内侧的是内肛动物，肛门位于触手冠外侧的是苔藓动物（也叫外肛动物）。内肛动物的个体微小，约 1 毫米长，呈红酒杯状，它们用"红酒杯"的柄附着在底质上（图6-8）。有时"杯柄"会弯曲，使得个体看上去就像在点头。"杯口"长着一圈触手，这一圈触手像花冠一样，因此被称为触手冠。触手上长着纤毛，纤毛拨动海水产生水流，内肛动物的个体用触手分泌的黏液来过滤有机物颗粒和微小的浮游藻类。有的个体通过使柄形成分支来产生子代个体，有的个体通过使贴着底质的根（像匍匐茎一样）出芽来产生子代个体。

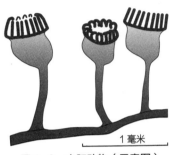

图6-8　内肛动物（示意图）

苔藓动物（外肛动物）。 个体长约0.5毫米，都生活在壳里。壳为箱形或圆筒形，壳与壳相连形成群体。群体像苔藓一样薄薄地覆盖在底质表面，也有的群体呈草丛状或树状。苔藓动物的壳是外骨骼，是由几丁质或碳酸钙构成的。通常壳的顶板有孔（有的外肛动物顶板的孔处还有弹起式的盖），触手冠从孔伸出。触手表面的纤毛能引发水流，以帮助触手捕食顺流而来的浮游藻类。

半索动物。 肠鳃类和羽鳃类都是半索动物，二者中只有羽鳃类可以形成群体。顺便说一下，"半索"的"索"代表口索。半索动物从咽头背壁延伸出来的结构叫作口索。以前很多研究者认为口索就是脊索，现在很多研究者不同意这个观点，因为口索和脊索既非同功器官，也非同源器官。但是，因为半索动物有鳃裂，所以它们也被认为与脊索动物有近缘关系。脊索动物和棘皮动物都属于后口动物，但半索动物与脊索动物的关系似乎比棘皮动物与脊索动物的关系更近。

羽鳃类的个体只有几毫米长，可以分泌虫管。虫管会附着在硬物（如岩石、贝壳等）上，个体就待在管鞘内。个体通过管鞘相连形成网络状群体。个体从虫管的前部伸出一对（或几对）腕。腕两侧长有触手（这样的腕叫触手腕），整体看起来就像翅膀一样。羽鳃类触手上的纤毛也可以引发水流。

营群体生活的动物身体结构都很简单

以上介绍的营群体生活的动物几乎都营固着生活，且采取滤食的摄食方式。群体大小不等，直径可达几米（如造礁珊瑚的群体），但个体都很小，长度只有几毫米，几乎都待在自身分泌的外骨骼中。个体的感觉器官、肌肉、中枢神经系统等都不发达，身体结构简单，这主要有两方面的原因：一方面，身体结构简单有助于个体更好地营固着生活；另一方面，因为个体采取滤食的方式摄食，食物体积小、容易消化，所以只需要简单的消化器官即可。此外，无论是滤食还是依靠光合作用，群体为了捕捉更多的食物和有更好的采光，就需要有更大的表面积。更大的表面积有利于吸收氧气和排泄，所以个体不需要发达的呼吸器官、排泄器官和血管系统。基于以上理由，个体越小越好，身体结构越简单越好。个体体形小，相对表面积就大，所以以单位体重（即活组织的量）的食物获得量和氧气供给量也会变大，这使得它们的身体越来越小。在营群体生活的动物中，除了营固着生活的动物，也有像僧帽水母这样的浮游动物。但僧帽水母也不会主动寻找食物，只是偶尔伸出触手捕食，它们的身体结构并没有改变。

外骨骼和生长问题

组成营固着生活的群体的个体都有外骨骼。那么这些个体是不是和昆虫或贝类一样面临生长问题呢？它们又是如何解决这个问题的呢？

实际上，组成群体的个体并不生长。个体都很小，只有几毫米。与其说是个体生长，不如说是个体发育。所以，我们可以说个体都不会生长，生长的是群体。既然外骨骼会导致个体出现生长问题，那么个体就不生长，取而代之的是个体不断增多，使整个群体变大——问题就解决了。

群体适合营固着生活

为什么许多营群体生活的动物都营固着生活呢？对群居动物来说，营固着生活有哪些好处呢？

可以占据有利位置。 位置对固着生活非常重要。如果找不到食物丰富的地方，群体就无法生存。在食物丰富的地方，有机物颗粒会随着水流源源不断地漂过来。除了食物外，光照也是重要的财富。一旦找到食物丰富的地方，生物就应该尽可能长时间地待在这里。

虽说如此，但个体的寿命是有限的。于是，轮到群体出场了。即使个体死了，身边也有自己的"复制品"。从这个角度看，我们也可以说，个体是不会死的。如果个体形成群体，继续进行无性生殖，就能实现永生，一直待在食物丰富的地方。然而，群体也会因为被吃掉或环境的变化而"全军覆没"。当然，群体的寿命往往比个体的寿命长得多。群体能尽可能长时间地占据有利位置。而且，群体可以向周边不断扩展，不断扩大所占有的面积。

可以不断发展壮大。成体会停止生长，所以作为单体的动物的体形是有限的。也有些动物一生都在成长，但它们寿命有限，所以它们的身体还是不能无限制地变大。但群体不同，特别是像造礁珊瑚这样有石灰质壳的动物，它们能在死亡个体的壳上生出新的个体，也就是说，个体即使死了也能为群体的变大做出贡献，所以如果条件适宜，群体可以不断地发展壮大。

体形大成了营固着生活的动物的优势。无论是滤食者，还是像造礁珊瑚那样与虫黄藻共生的动物，获得食物和光照的量都与表面积成正比，所以体形越大越好。而且，群体高度越高就越不用担心得不到食物和光照。此外，与底质接触的水不流动，这种难以流动的水层被称为边界层，边界层外侧的水流更大，滤食者只有待在边界层外侧才能获得食物。如果群体大，很多个体协同工作就可以轻松地制造大的水流。

可以根据环境变化改变外形。群体不仅可以变大，还很容易改变外形。有的造礁珊瑚可以增加迎着光照的个体的数量，还有的造礁珊瑚可以让分支顺着水流方向伸展，以防止自身被水流冲断。能够自由活动的动物可以随意改变身体朝向，想晒太阳的话可以移动到阳光充足的地方。但是，营固着生活的动物做不到这一点。所以，营固着生活的群体可以通过改变外形来应对环境的变化。

可以抵御捕食者。一旦开始固着生活，动物就无法逃跑，所以如何应对捕食者是生存的关键。群体抵御捕食者的能力比个体强，更不容易被吃掉。

捕食者一般捕捉比自己小得多的食物。群体很大，所以不容易被捕食。此外，即使群体的大部分都被吃掉了，剩下的个体也可以通过无性生殖再形成群体。

我们可以比较群体和单体被捕食者吃掉一部分的情况。如果单体的一部分身体被捕食者咬到，单体的捕食能力就会受到影响。单体，特别是运动型动物的单体，有复杂的身体结构，只要失去一部分身体，就会丧失捕食和逃跑的能力。然而，在由 100 个个体组成的群体中，即使有 90 个个体被捕食者吃掉，剩下的 10 个个体的功能也不会受到影响。

当然，我们在前面已经了解到，营群体生活的动物有外骨骼的保护，因此几乎不会成为捕食者的猎物。外骨骼可以有效抵御捕食者，也可以保护身体不被强大的水流破坏。

群体是由简单的结构单元组成的

无论是海鞘的群体还是造礁珊瑚的群体，群体中个体的形状和遗传物质都是一样的。此外，个体体形小，身体结构简单。也就是说，将如此简单的结构单元连接起来就形成了群体。只要不断复制并制作相同的结构单元，群体就能够一直存在。个体"制作"起来既简单又"便宜"，因此形成群体的成本很低。另外，群体即使被啃食掉一部分，也能毫不费力地恢复原状。群体生长的尺寸没有限制，群体的寿命也没有限制。

第七章

脊索动物门Ⅱ：脊椎动物与陆地生活

脊椎动物是有脊椎的动物。脊椎的形状与锤子或锥子的柄相似。脊椎动物大致可以分为栖息在水里的鱼类和栖息于陆地上的四足动物。四足动物是由鱼类演化而来的，演化过程是，鱼类演化为两栖动物，两栖动物演化为爬行动物、鸟类和哺乳动物。哺乳动物是从已经灭绝的单颞窝类演化而来的。单颞窝类和爬行动物有共同的祖先。

头索动物和尾索动物都是水中的滤食者，脊椎动物的祖先无颌类也是如此。无颌类会吸入海底的泥沙和有机物颗粒，用鳃过滤出有机物颗粒，然后将它们吃掉。无颌类没有颌骨，因为吸入微小的有机物颗粒是不需要颌骨的。

脊椎动物亚门

脊椎动物亚门分为两大类。

1. 无颌总纲（无颌鱼、七鳃鳗、盲鳗）

2. 有颌总纲

以下 3 个纲属于有颌总纲，它们就是我们说的鱼类，物种数量大约 3 万种。

● 软骨鱼纲（鲨鱼、鳐鱼）

● 辐鳍鱼纲（硬骨鱼，如秋刀鱼、金枪鱼。约占脊椎动物种类的一半，大部分鱼类都属于这一纲）

● 肉鳍鱼纲（腔棘鱼、肺鱼。四足动物由肉鳍鱼纲动物演化而来）

以下 4 个纲为四足动物。四足动物也属于有颌总纲，约占脊椎动物种类的一半。

● 两栖纲

● 爬行纲

● 鸟纲

● 哺乳纲

现存的无颌类很少，七鳃鳗就是其中之一，其成体多附着于其他鱼的身上，吸取鱼的体液。但是七鳃鳗幼体的摄食方式和它们的祖先一样。七鳃鳗终生有脊索，没有椎体（构成脊椎主要部分的骨头）。因此，也有人说研究者是"出于情面"才将七鳃鳗被放入脊椎动物亚门的。

继无颌类之后，有颌类出现了，最先出现的是有颌鱼类。有了颌骨，动物就能咬得动食物，为成为捕食者奠定了基础。要想成为捕食者，动物还必须游得快，而脊椎就让快速移动成为可能。

脊椎的演化是在淡水中进行的

脊柱是由脊椎连成的支撑性结构。脊索动物的脊索是前后排列的，脊髓位于脊索的上面，与脊索平行。而脊椎动物的脊柱侧是将骨髓和脊索包裹，在保护脊髓的同时起到强化脊索支撑功能的作用。

下面来看看脊椎的基本构造（图7–1）。脊椎由两个部分组成，分别是椎弓和椎体。椎弓从背面覆盖脊髓，椎体从腹面覆盖脊索，大多数情况下，椎体完全包裹脊索，呈管状，所以从横切面上看，O 形的椎体上方有一个倒 Y 形的椎弓。

椎弓上有长长的突起，突起向上延伸并向后弯曲。突起上附着着肌肉，有颌鱼类利用这些肌肉来扭动身体。更准确地说，肌肉附着在结缔组织形成的膜上，膜附着在从椎弓延伸出来的突起上。因为有了这些突起，脊椎

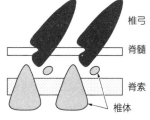
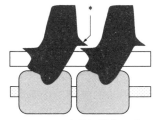

图 7–1 脊椎的基本构造

上图和中图是真掌鳍鱼（被认为是接近两栖动物祖先的鱼）脊椎的示意图（其中上图是横切面图，中图是纵切面图）。和真掌鳍鱼一样，早期脊椎动物的椎体由多个部分组成。下图是两栖动物脊椎的示意图，图中标有 * 的结构是两栖动物关节的突起。

上附着的膜面积增大了，使得肌肉附着的面积也增大了。也就是说，有了椎弓上的突起，就可以有更多的肌肉用于游动，有颌鱼类的游动能力就会提高。动物种类不同，脊椎的结构有差异。

早期鱼类的脊椎都是软骨。在后来的演化中，软骨逐渐被硬骨（我们常见的骨骼）所取代。即使是人类这样脊椎全部是硬骨的动物，在个体的发育过程中，脊椎也先是软骨，然后磷酸钙沉积才形成硬骨。

脊椎使鱼类能够游得更快，但从脊椎的演化来看，最初脊椎的功能似乎与快速游动无关。脊椎动物的祖先无颌类在海洋中演化，后进入淡水水域生活。目前，我们还不清楚有颌鱼类的演化是从哪里开始的，但是研究者已经在淡水中发现了非常古老的有颌鱼类，因此，栖息在淡水中的有颌鱼类被认为已经具有脊椎。早期脊椎的功能与其说是支撑身体，不如说是储存淡水所缺乏的磷和钙。有颌鱼类在淡水中变得多样化，然后再回到海里生活。

有颌鱼类向四足动物的演化也被认为发生在淡水中。提塔利克鱼（这个名字源自因纽特语，意为"大淡水鱼"）是泥盆纪后期（约 3 亿 750 万年前）的一种肉鳍鱼，其形态介于鱼和四足动物之间，体长将近 3 米，生活在淡水的浅滩上。淡水水域一定是脊椎动物在演化过程中重要事件反复发生的地方。

陆地生活

先上陆的是植物。对植物来说，它们在陆地上虽然容易失水，并且难以保持形态，但与在水中不同，在陆地上，光照不会受到影响，而且土壤可以帮助植物固定身体。阳光普照的陆地是进行光合作用的良好环境。继植物之后，节肢动物上陆，节肢动物以植物为食。然后，四足动物上陆，四足动物以节肢动物为食。早期的四足动物都是肉食性动物。

　　动物共分为 34 个门，其中 13 个门的动物都是陆生动物，但大部分陆生动物生活在土中或潮湿的地方，也有的寄居在其他动物体内。在干燥的地方等复杂环境中繁衍生息的只有节肢动物和四足动物。

　　我们来对比一下陆地环境和水中环境，看看哪种环境更宜居。从下面的专栏可以看出，陆地并不宜居。陆地上的生活很辛苦，但四足动物克服了困难。

　　我们来简单地看一下四足动物是如何解决在陆地上生活的困难的。标有 * 的内容我会在后面详细解释。

生活在陆地和水中的利与弊

	陆地	水中
1. 动物有失水的危险。	×	○
2. 动物可以更好地保持姿势或移动。*	×	○
3. 动物更易于获取和消化食物。*	×	○
4. 动物易于处理氮代谢物。	×	○
5. 动物的生殖细胞或子代易于分散。	×	○
6. 温度稳定。	×	○
7. 动物易于获取氧气。	○	×

水的获取

　　动物身体的一半以上都是水，没有水，动物就无法生存。动物如果在水中生活，很容易获取水；但是，动物如果在陆地上生活，如何获取水就成了严重的问题。

　　不只是获取水，失水也会成为问题。陆地上空气干燥，而动物体内含有大量水，水会不断从体内蒸发。所以动物必须将身体覆盖起来以防止水分流失。昆虫上表皮中的蜡层起到了防止失水的作用，四足动物因种类不同采取了不同的方式，爬行动物用鳞片覆盖身体，鸟类用羽毛覆盖身体，哺乳动物则用毛覆盖身体。

　　那么，另一种四足动物——两栖动物又如何呢？它们既没有羽毛也没有鳞片。实际上，它们没有任何防止水分流失的装备。两栖动物是由鱼类演化而来的最早上陆的四足动物。鱼有鳞片，但两栖动物没有。鱼鳞的构造与爬行动物的鳞片的构造完全不同，即便如此，鳞片在覆盖身体防止干燥方面可能还是有一些帮助的。

　　两栖动物鳞片的消失或许与呼吸有关。两栖动物肺不发达，很大程度上要依赖皮肤呼吸。它们一半以上的氧气通过皮肤获取，二氧化碳的排出也几乎都是通过皮肤完成的。可以想象，为了不妨碍皮肤呼吸，两栖动物的鳞片退化了。

　　两栖动物的皮肤总是很湿润，这样空气中的氧气就可以溶入皮肤的水分中。虽然两栖动物的皮肤保持湿润对呼吸来说很有必要，但是这种湿润的皮肤也容易失去水分。两栖动物幼体生活在水中，成体则生活在陆地上，因为栖息在两种环境中，所以被称为两栖动物。它们的卵和幼体都很小，相对表面积大，身体容易干燥。因此，两栖动物幼体不能离开水生活，长大后才能上岸。即便上了岸，湿润的皮肤还是成了障碍，导致成体也无法离开水边生活。这就是两栖动物。

保持姿势或移动

水有很大的浮力作用。生物体内大部分是水，所以只要在水中，生物体重的大部分都由水的浮力来支撑。空气的比重是水的 1/800，所以在陆地上，空气的浮力只能支撑生物体重的 0.1%。生物如果保持在水中生活时的身体状态，恐怕会因为身体太重而无法支撑，所以需要身体支撑系统。所谓支撑系统，是指不管受到何种力量——重力、风力、水流的力量、（使用肌肉）自身产生的力量等——的作用，身体都能够保持良好的姿态。在陆地上生活的生物支撑系统（见专栏）非常发达，这是因为在陆地上支撑身体很不容易。

动物在陆地上连行走都很困难。如果身体贴着地面爬行，会产生非常大的摩擦。为了避免这种情况，必须用足把身体抬离地面，这需要相当大的能量。如果想要像鸟一样将身体悬浮在空中，就需要更多的能量。但在水中，身体几乎全靠水的浮力支撑，不用那么辛苦。水中还有更有利的地方。只要顺着水流方向，即使什么都不做，也能漂到很远的地方。而在陆地上移动却极其困难。为此，在陆地上生活的动物想了很多办法（后文），这使得不便减少了，但是没有消失。正因如此，我们人类才会修建公路和机场，在移动手段上投入大量的资源，来弥补步行的不便。

支撑系统

支撑系统的结构有好几种，我们来分别了解一下。

骨架结构。四足动物靠细长的骨骼来保持姿态，我将这种支撑系统的结构称为骨架结构。在骨架上有"膜"和"绳子"将内脏器官吊起并固定住，骨架的最外侧也覆盖着"膜"。骨架靠"绳子"连接。"膜"和"绳子"主要由胶原纤维构成，作为"膜"的有皮肤和肠系膜等，作为"绳子"的有肌腱和韧带等。这种骨架中骨与骨的连接处可以变形，因此骨架结构适合运动型动物。

单体壳结构。昆虫用坚硬的表皮覆盖整个身体以保持姿态，这就是单体壳结构。这种结构在小型汽车和铁道车辆中可以看到。单体壳是车辆最外部的一层壳，起着承受各种负荷力的作用。单体壳的英文 monocoque 源自希腊语，意为贝壳。以贝类为代表的动物的支撑系统的结构都是单体壳结构。该结构可以使壳兼具支撑功能和保护功能，从而节省体内的空间。单体壳结构适合小型动物。

砖砌结构。植物把每一个细胞都装在用坚硬的细胞壁做成的"箱子"里，并将这些"箱子"堆起来组装成身体。我将这种结构称为砖砌结构，它有点儿像用砖砌成的房子。不过，由于"砖块"容易散落，不耐摇晃，所以砌砖结构的支撑系统只适合不动的动物，如苔藓虫等营固着生活的动物。

植物虽然自己不能行走，但可以随风摇摆，也有相当大的活动幅度，因此单纯的砖砌结构就不合适了。所以，植物还会用维管束沿身体的长轴方向来加固身体。

膜结构。膜结构的支撑系统就像充气气球一样。也就是说，膜结构是向柔软的膜做成的"袋子"内加入水使其膨胀，以保持身体姿态的结构。

动物的细胞膜里充满了水。蚯蚓是具有膜结构的支撑系统的动物。蚯蚓的体壁就是"膜"，体壁内是充满体液的空间（即体腔），其中漂浮着内脏器官。体壁在体腔内的水压的作用下变得紧绷、膨胀，以此来保持姿态。蚯蚓靠水的力量支撑身体，也就是说，水发挥了骨骼的作用，这样的骨骼也被称为静水骨骼。

如果我们把膜做成的"袋子"里的水抽干，膜就会干瘪，珊瑚的水螅体正是通过这种方法来收缩身体的。水螅体的中央是空腔，夜间它们会从口将海水引入空腔，使身体舒展；白天，它们会把水从空腔中挤出去，将身体缩进外骨骼里，以躲避捕食它们的鱼类。造礁珊瑚的触手和海星的管足是具有膜结构的身体部分，它们能通过改变膜内部的水量达到伸缩的效果。

食物的获取和消化

生活在水中的生物因为没有支撑身体的坚硬结构，所以它们作为食物的话，是相当易于处理的。另外，水中漂浮着很多生物遗骸被分解后形成的有机物颗粒，这些有机物颗粒就如同被料理机打碎一般，因此生活在水中的动物不需要费力粉碎食物。而且海水还能溶解有机物，很多动物可以通过体表来吸收有机物，在这种情况下，动物连消化的问题都没有了。

与此相反，生活在陆地上的生物都有用于维持姿态的坚硬的"壳"：植物有细胞壁，昆虫有坚硬的表皮。动物如果不先用某种手段破坏这个"壳"，就无法消化里面的东西。为此，动物需要先粉碎食物，即用结实的牙齿咬碎食物以及用肠道消化食物，这样才能开始吸收营养成分。

氮代谢物的处理

　　构成身体的蛋白质每天都在被分解和重新合成。蛋白质分解后会产生氨（即氮代谢物），氨有毒。在水中，氨可以直接被排出体外，很快就会被大量的水稀释，这不会造成问题，但在陆地上不行。如果动物只是把有毒的氨排出，氨的浓度不会变小，还会污染自己周围的环境。于是，生活在陆地上的动物将氨合成了无毒的尿素，将其溶解在水中随尿排出体外。但是这样做的话，水分就会流失，所以鸟类等将氨转化成不溶于水的尿酸，作为固体物排泄出去。虽然这样做可以节约用水，但合成尿酸需要的能量是合成尿素的 3 倍。因此，动物会根据自身的需求来权衡能量消耗和水分流失哪个对其影响更大，来选择合成尿素还是尿酸。

生殖细胞和子代的分散

　　身体越小，相对表面积就越大，水分越容易流失。因此，在陆地上，身体非常小的时期（如胚胎期、幼体期）对动物来说是最容易干燥的危险时期。两栖动物在这个时期选择在水中生活。而其他的四足动物为了不让卵细胞和精子直接暴露在干燥的环境中，会通过交配直接将精子送入雌性体内，使卵细胞受精，形成胚胎。

　　爬行动物、鸟类、哺乳动物统称为有羊膜类，因为它们的胚胎被羊膜包裹着。羊膜里充满水（即羊水），胚胎在水中长大。爬行动物、鸟类还会将被羊膜包裹的胚胎用结实且不易干燥的蛋壳包裹，再将其产出。哺乳动物的胚胎在母亲的子宫内生长发育。可以说，羊水是母亲为孩子准备的海洋。

在陆地上繁殖如此费时费力，但在水中就简单多了。动物不用担心干燥，而且周围的水也可以流动，再加上精子也可以进行短距离游动，所以动物只要将卵细胞和精子排出体外即可。

而且在水中，幼体可以顺着水流漂到很远的地方，这对确保基因多样性也很重要。因为体形小，相对表面积大，不容易下沉，所以幼体容易受到水流的影响，且不用担心身体干燥。生活在水中的动物在幼体期需要长距离移动，这比长大后移动所需的成本要低得多。但是，因为幼体被吃掉的风险也很大，所以生活在水中的动物会采取多产卵的做法。但是，体形小的动物能量储存的也少，移动同样的距离，体形小的动物比体形大的动物需要更多的能量。因此，陆地上的动物在长大后才会进行长距离移动，但拖着庞大的身躯移动所需的成本非常高。

温度稳定

相比空气，水升温和降温的速度更慢。水的比热容为空气的 4.2 倍，水的密度是空气的 830 倍，所以在体积相同的情况下，水温提高 1 ℃ 所需的热量是气温提高 1 ℃ 所需的热量的 3500 倍（$4.2 \times 830=3500$）。所以水温很难改变，且水温的变化也很缓慢，即使在冬天水温也不会低于冰点。水在 0 ℃ 的环境中会结冰（海水的冰点约为 –1.8 ℃），但由于冰浮在水面可以充当隔热材料，所以即使外面是 –60 ℃ 还有暴风雪，浮冰之下的温度也不会低于冰点。

在陆地上，不仅冬天和夏天的温差很大，白天和夜晚的温差也可以达到 10 ℃，甚至向阳处和背阴处也有温差。陆地上不但温差大，而且温度变化快。体形小的陆生动物腹部离地面近，容易受到地面温度的影响，感受到的温度变化非常大。我在前面提到，动物体内的各种生化反应都在水中进行，生物通过生化反应来维持生命。但是，生化反应的速度受体温的影响很大。随着外界温度的变化，体温也随之变化，体内的生化反应速度就会不断变化，这实在是很不方便。

解决了这个问题的是鸟类和哺乳动物。它们都是恒温动物，能够保持体温恒定。如果周围环境变冷，它们就消耗能量来发热；如果体温高，它们就出汗，通过使水分蒸发来散热。但这样做不仅需要消耗大量的能量，还会失去宝贵的水。恒温动物都在陆地上生活，正因如此，它们才需要摄取大量的能量。

鸟类和哺乳动物不同于爬行动物，它们的体表覆盖着羽毛和毛发。羽毛和毛发是有效的隔热材料，这一点，我们穿羽绒服和戴毛线手套时就能切身感受到。恒温动物身上覆盖着隔热材料，不容易受到外界温度变化的影响，这有利于它们节约能量。羽毛和毛发之间有空气层，因为空气的导热率只有水的 1/25，所以羽毛和毛发具有很好的隔热效果。但是，"羽绒服"和"毛皮大衣"在夏天太热了，于是恒温动物会在夏天脱毛，在冬天增毛。

氧气的获取

动物在陆地上很容易获取氧气。陆地上的氧气浓度是海洋的 30 倍，氧气在空中扩散的速度比在水中快 8000 倍。因此，即使动物大量使用氧气，周围的氧气也会立刻扩散过来。所以，我们在养虫子时只要在箱子上开个小洞就可以，但如果不持续给鱼缸里的水换气，那么鱼（特别是海水鱼）就很容易缺氧死亡。

虽然在空气中呼吸很轻松，但这并不意味着在水中生活的动物上陆后呼吸器官（鳃）不需要改变。鳃在陆地上无法发挥作用。

在水中生活的动物的鳃是由几块"薄板"组成的，呈层状，从口吸入的水可以在"薄板"间流动。"薄板"内部充满血管，"薄板"的宽大表面有利于将氧气吸入血管内。氧气会溶解在动物浸湿的体表，然后进入体内，所以鳃的"薄板"表面必须是湿润的。但是，在空气和水的接触面上会产生表面张力，使液体（如水）与空气接触的面尽可能小。因此，"薄板"会与相邻的"薄板"粘在一起，鳃就没有办法摄取氧气了。

鳃不能在空气中发挥作用的另一个原因是，薄薄的、摇摇晃晃的"薄板"在没有水的浮力支撑的陆地上处于悬垂状态，很难保持"薄板"之间一直有间隙。

因此，两栖动物上陆后，先演化出了肺。肺与鳃一样位于咽，但肺不是组合在一起的"薄板"，而是由咽的一部分膨胀形成的袋状结构。两栖动物从口吸入的空气被输送到"袋子"里使其膨胀，然后氧气进入分布在"袋子"上的血管内。

肺并不是两栖动物的发明，而是鱼类原本就具有的结构。鱼类因栖息的水域不同而呈多样化。与海洋不同，池塘和小河容易干涸或氧气不足，生活在池塘和小河中的鱼类为了能在缺水或缺氧时正常呼吸，肺就作为鳃的辅助器官而演化了出来。而回到海里的鱼类不再需要肺，所以肺退化或变成了调节浮力的鳔。现在还有像肺鱼那样用肺呼吸的淡水鱼，四足动物就是由肺鱼等肉鳍鱼演化而来的。

动物在陆地上很容易得到氧气。也就是说，动物即使消耗大量能量，也不会发生缺氧的情况。恒温动物会消耗大量的能量，其消耗的能量是变温动物的 10 倍。正是因为生活在陆地上，才出现了恒温动物这种大量消耗能量的动物（当然，也正是因为生活在陆地上，许多动物才必须主动维持体温）。鲸鱼和海豚在从陆地移居到海洋后，也继续用肺呼吸，因为它们从水中很难获得足够氧气。

如何保持姿势或移动？

骨骼的强化

在陆地上，动物必须保持躯干离地的姿势，这是因为躯干贴在地面上不方便，不便之处主要有 3 点：躯干贴着地面移动，动物受到的阻力大；躯干会压迫肺，使动物无法顺利呼吸；动物体温容易受到地面温度的影响。

下面对第三点进行进一步说明。地面温度比气温更容易变化，所以夏天地面温度比气温高，冬天地面温度比气温低。因此，如果动物把躯干贴在地面上，在夏天，热量会传导到躯干上，动物会更热。反之，在冬天，冰凉的地面会使动物更冷。因此，最好的解决方法是将躯干抬起来阻碍地面温度的传导。

于是，在陆地上生活的动物长出了 4 条腿，成了四足动物，4 条腿可以将躯干抬离地面。然而，只是长出腿还是不够的。如果其他没有被支撑的部分垂下来，那就得不偿失了。也就是说，动物的身体必须保持在一条直线上。

为了满足"有腿"和"躯干挺直"这两个需要，四足动物对祖先的运动器官和骨骼系统进行了调整：强化了脊柱，使身体不会向下塌陷；将前后成对的鳍演化成了前肢和后肢。

脊柱的强化。鱼类演化为两栖动物后，为了避免脊柱因重力而下垂，对脊柱进行了强化。强化对策有3个：一是使各椎弓上的突起（关节突起）前后伸展，将椎弓连接起来，这样一来，由于突起相互卡住，脊柱很难沿腹背方向弯曲；二是使椎体完全骨化、变厚（之前椎体软骨更多），脊索变得更细，脊索的功能被更强的脊椎替代；三是将更有力的肌肉附着在脊椎上，进一步增强脊椎之间的连接。

四肢。图7-2展示了从鳍向肢的演化。我先来介绍一下鳍。鱼类有两种鳍，一种是沿背中线生长的鳍，即正中鳍，可分为背鳍、尾鳍、臀鳍；另一种是位于体侧成对的偶鳍，偶鳍有两组，一组是位于胸前的胸鳍，另一组是位于胸鳍后方的腹鳍。

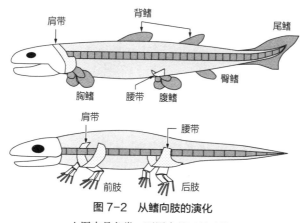

图7-2　从鳍向肢的演化

上图中是鱼类，下图中是四足动物。

鳍的主要作用是帮助鱼类在水中游动。水会流动，所以鱼类如果不用力划水就无法前进。因此，鱼类需要靠大的鳍面（以及躯干的侧面）推动水前进。凭借背鳍和尾鳍的摆动，鱼类获得了前进的动力。有些鱼类只能摆动胸鳍游动，但以这样的方式游动速度不快。有些鱼类可以通过控制左右胸鳍自由地旋转和后退，比如在珊瑚之间自由穿梭的鱼类就经常使用胸鳍。此外，胸鳍也经常作为舵和刹车使用。

鳍除了参与游动之外还有另一个作用——稳定躯干。在水中，由于浮力的作用，躯干轻飘飘地浮在水中，而且周围的水会从任何方向对躯干施加压力，所以躯干很难保持稳定。因此，位于躯干上下和左右的、表面积较大的鳍使躯干不会横向和纵向摇晃。另外，鱼类身体的比重比海水的大，鱼类如果什么都不做，就会沉下去。位于身体两侧的突出的胸鳍能发挥翅膀的作用，产生升力以对抗重力。

但在陆地上，鳍没有用。鳍又平又薄且容易弯曲，无法支撑身体，也无法让动物在地面上行走。而且在陆地上推动身体前进并不需要很大面积的鳍。大地是坚硬的，动物行走与接触地面的面积无关，动物只是受到地面的反作用力，因此动物行走时脚掌不宽也没关系。相反，如果脚掌过宽，脚掌与地面的摩擦力就会增大，动物行走的效率就会下降。

腿需要的不是宽度，而是强度。为了抵抗重力、蹬地、弹跳，腿要有足够的强度，既不易瘫软也不易折断。腿越长，步幅就越大，走得就越快。因此，腿逐渐演化成了圆柱形。

作为四足动物祖先的鱼类应该是肉鳍鱼。腔棘鱼和肺鱼都是肉鳍鱼。现存的肉鳍鱼并不多，多数鱼为辐鳍鱼——在鱼店出售的都是这类鱼。但是，在四足动物出现的时候，肉鳍鱼还是优势种群。

正如"辐鳍""肉鳍"的名称所反映的，这两类鱼的鳍有差异。辐鳍鱼的鳍中呈放射状排列的细长的鳍骨（辐就是辐射的意思），我们只要联想一下团扇的骨架就明白了。

与辐鳍鱼不同，肉鳍鱼的鳍有肉质的基部，基部有排成一列的块状骨。骨之间由肌肉连接，所以鳍的中间部分可以活动，最前端的骨有分支。这种鳍会让人联想到四肢。肉鳍鱼在演化过程中，胸鳍演化成前肢，腹鳍演化成后肢，逐渐形成四肢。

肢带——将肢体与脊椎相连

综上所述，两栖动物在上陆时演化出了结实的四肢，强化了脊柱，但这还远远不够。纵向的柱（即四肢）和横向的梁（脊柱）再坚固，如果与它们连接的部分不结实，那么骨架结构也还是不够牢固。

无论是鱼类还是四足动物，肢带都位于偶鳍或四肢的基部。肢带是将躯干与突出的鳍或四肢连接的构造，肢带为频繁活动的鳍和四肢提供稳定的框架，而且四足动物还能将躯干的重量通过肢带分散给四肢。连接前肢的肢带是肩带，连接后肢的肢带是腰带（图7-2）。肢带是由多块骨骼组成的，比如肩带中的肩胛骨和锁骨，腰带中的耻骨、坐骨和髂骨，这些名称我们都很熟悉。肢带，顾名思义，像带子一样有宽大的面，肢带上附着的强大的肌肉群将躯干与肢带、肢带与四肢紧紧地连在一起。

鱼类的肩带由沿头骨边缘形成的、紧贴头骨的环状部分和从腹部左右向后方延伸的部分组成。延伸出来的地方（肩胛骨和乌喙骨）与胸骨连在一起。相比之下，腰带则极为"寒酸"，仅有两片小小的三角形骨骼，从腹面看，腰带的骨骼与回旋镖的形状相似，像一支被埋在体壁内的回旋镖。此外，肩带和腰带都没有与脊柱连接。

伴随着四足动物上陆，肢带变得又大又结实。肢带与躯干的连接方式也发生了变化。肩带的环状部分（与头骨连接的部分）消失了，取而代之的是腹面的肩胛骨变得宽大，且向背面延伸，这个宽大的面上附着的肌肉使其与脊柱连接起来（与人类的肩胛骨联系起来，也许就更容易理解了）。也就是说，四足动物的肩带不与头骨连在一起，而是与脊柱连在一起，而且连接的方式也不是通过骨骼，而是通过跨过骨骼的肌肉。

原本"寒酸"的腰带也发生了变化。鱼类腰带的骨骼埋在体壁内，与脊柱是分开的，但四足动物腰带的骨骼则与脊柱紧密相连，形成了坚固的骨盆。

鱼类的肩带比腰带更发达，这可能反映出腹鳍并没有发挥太大的作用。但这个状况在四足动物中发生了逆转。四足动物的后肢变得比前肢粗，充当移动的主体，体现这一点的就是腰带，腰带变得更大、更结实。当然，四足动物的胸带也比鱼类的更结实。鱼类变成四足动物后，才开始出现肩膀和腰部这样的身体部位。

肩带和腰带的区别

四足动物腰带的骨骼与脊柱紧密地连接在一起，而肩带的骨骼是通过肌肉这样的细长带状物吊在脊柱上的，于是，肩带与脊柱连接处就有了可以供前肢伸展或屈曲的空间。前肢可以抬起和放下就是因为有了这个空间，下面我们来看看这个空间存在的意义。

因为有这个空间，所以前肢比后肢更灵活。前肢不仅能辅助移动，还有各种各样的用途，这也是因为它们的自由度更高。松鼠用前肢来取食，狮子用前肢来捕猎，猴子用前肢来爬树。前肢对人类更重要，人类的手臂（即前肢）完全丧失了移动的功能，手可以用来制作工具，也可以握着笔写字或进行计算。靠近口和眼睛的前肢有更高的自由度是合情合理的。

　　肩带和脊柱之间的空间被认为是为了更流畅地行走而出现的。如果肩带和腰带都由骨骼连接在脊柱上，那么前肢和后肢的动作就必须严格保持一致，否则动物就无法行走。例如，后肢弯曲向前推脊柱时，如果前肢向前伸展，那么前肢就会变成刹车装置而阻碍动物前进。如果肩带和脊柱之间留有空间，就可以防止这种情况发生。建筑是不动的，所以柱子和梁要牢牢地连接在一起；动物会动，如果肩带和脊柱之间不留适当的空间，就无法顺畅地移动。

　　那么为什么不让腰带和脊柱之间留有空间呢？在第二章中，我将肌肉比作绳子。绳子可以产生拉力，但不能产生推力（如果我们推绳子，绳子就会弯曲，无法传递力量）。因为后肢要从后面推脊柱，所以腰带不能用"绳子"吊在脊柱上。相反，前肢会向前牵拉脊柱，所以用"绳子"吊起来是没有问题的。

鱼类没有颈

　　四足动物的头和躯干之间有颈，颈比头或躯干细。鱼类没有颈，而介于鱼类和两栖类之间的提塔利克鱼是有颈的。

　　颈是头与肩之间（即头骨和肩带之间）的结构。鱼类的肩带与头骨直接相连。鱼类演化为四足动物后，肩带的环状部分退化，头骨与肩带出现了间隙。这是为什么呢？因为间隙可以使头转动。

没有颈的动物在陆地上生存很麻烦。地面凹凸不平，动物不看着脚下就无法前行，但是观察前进道路上有什么更重要。动物必须随时观察前方有无敌人和食物，同时还要时时观察脚下，如果没有颈，动物看脚下时就得倒立了。

鱼类浮在水中，即使不看下方也不会跌倒。只有在陆地上生活的动物会因为重力而跌倒。在水中生活的动物也需要注意下方，此时它们就可以倒立，而且它们倒立也不会很费力（在浮力的作用下）。以水底藻类为食的鱼类都是倒立着摄食的。

如果没有颈，头被固定住，那么动物在陆地上行走的时候可能会不方便。早期的四足动物通过左右摇摆身体前进。没有颈，头被直接固定在躯干上，前进时动物为了看清前方需要大幅度左右晃动躯干，无法直视前方笔直地前进。鱼类通过扭动躯干游动，但鱼类的躯干不会向腹面弯，只能呈波浪状左右扭动，所以鱼类没有颈也不是什么大问题。

行走方式的演化

两栖动物和爬行动物的行走方式与哺乳动物的有很大区别。哺乳动物的四肢笔直地伸到身体的正下方，而两栖动物和爬行动物的四肢则向身体侧面伸出（图7-3）。前肢由前掌、前臂、上臂组成，前臂和上臂之间是肘关节，上臂和肩胛骨之间是肩关节。前臂骨和上臂骨都较长。两栖动物和爬行动物的上臂是水平向侧面伸出的，肘关节屈曲，前臂垂直于地面，这个姿势有点儿像俯卧撑的姿势。两栖动物和爬行动物的腕关节也屈曲，掌心与地面贴合紧紧抓住地面（我在这里只介绍前肢，后肢也是水平向侧面伸出的）。两栖动物和爬行动物使躯干贴着地面爬行。

图7-3 行走的姿势

两栖动物和爬行动物在保持俯卧撑姿势时，肌肉（＊所标注的结构）必须持续收缩。

两栖动物和爬行动物在行走时，经常只移动一条腿，其他三条腿不动，这三条腿以"三足鼎立"的状态立在地上。它们以稳定的、不会跌倒的姿势支撑着身体前进。具体行走方式如下。

1. 先抬起右前掌，将身体向右推，再将身体的前半部分向左旋转，然后将与身体成水平直角的右前掌伸出，这样身体就会随着肩膀的左旋而向前移动。

2. 右前掌着地，右前臂以上臂关节为轴（从躯干侧面看沿逆时针方向）旋转。这样右前掌就会向后推地面。

3. 接着右前掌按压地面。以上就是右侧肩带的一连串动作。

在右前掌移动之后，左足移动。左足抬起，腰部向左扭转，左足着地，之后的动作与前面的类似。然后左前掌移动，最后右足移动，两栖动物和爬行动物就这样一边扭动躯干，一边抬起四肢前进。从足印化石来看，早期的四足动物似乎就是这样行走的。

这种行走方式有3个要素。

扭动躯干。四足动物通过扭动躯干发力,这一点与鱼类的移动方式类似。四肢起支撑作用,同时将躯干发出的力量传递给地面,并将躯干抬起,使其不与地面摩擦。

此外,水平伸展的上臂长度越长,步幅就越大。根据杠杆原理,肩关节是支点,上臂离支点近,所以上臂稍稍用力,离支点远的足就可以大幅移动。

根据回转力矩原理,采用俯卧撑姿势行走的两栖动物和爬行动物的肘关节和肩关节承受了很大的力。回转力矩的大小与受力位置(着力点)有关,离旋转轴(支点)越远,受力越大(这也遵循杠杆原理),回转力矩也越大。因此,上臂越长,动物的步幅越大,移动距离越大,回转力矩也越大,这会给前肢和胸部的肌肉带来很大的负担。模仿一下两栖动物和爬行动物的行走姿势(图7-4)你就会明白,这样的姿势相当费力。两栖动物和爬行动物在行走的过程中,四肢的肌肉虽然没有直接参与前进,却不得不一直收缩。

图7-4　爬行动物的行走姿势

旋转长骨。水平伸展的上臂的长骨绕着关节旋转。

伸展肢体前端。肢体前端按压地面。

我们以大鲵为例来看一下这 3 个要素与行走的相关性。大鲵与早期的四足动物有着几乎相同的身体比例（躯干、四肢的长度和四肢的位置几乎相同）。3 个要素中与行走关系最密切的是伸展肢体前端，相关性排在伸展肢体前端之后的是旋转长骨，最后才是扭动躯干。

四肢虽然不直接参与行走，但是为了保持姿势，四肢的肌肉也要消耗大量的能量，这样看来，两栖动物和爬行动物的行走效率很低。与两栖动物和爬行动物不同，哺乳动物的四肢不弯曲，像棍子一样从躯干笔直向下伸。这样一来，回转力矩的问题就解决了，重力只会压缩关节，而压缩力可以被骨骼的支撑力抵消，所以哺乳动物不需要肌肉发力来抵抗重力。以桌子为例。桌腿是笔直的，只要我们不推动桌子，桌子就非常稳定。如果桌腿的形状与两栖动物和爬行动物的四肢的形状相同，那么为了使桌面保持水平，4 条桌腿需要弯曲成一定的角度，这种结构的桌腿制作成本太高了。

两栖动物和爬行动物的行走姿势还有更不便之处——它们在行走时会用到胸肌。胸肌也用于呼吸，但行走和呼吸时胸肌的使用方法不同。行走时，左右胸肌交替收缩；呼吸时，左右胸肌同时收缩，使胸部膨胀。所以走路和呼吸不能同时进行。通过观察蜥蜴行走我们就能看出这一点。蜥蜴晃晃悠悠地走几步就会停下一段时间，然后再晃晃悠悠地走几步，这是因为它们呼吸时就必须停止行走。这相当不方便。

向侧面伸展四肢的姿势还存在其他问题。骨骼对挤压力有很强的抵抗力，但难以抵抗弯曲力和扭曲力，在扭曲力的作用下，骨骼很容易折断。如果横向伸出四肢，就会产生弯曲力，而使关节旋转又会产生扭曲力。如果像哺乳动物那样，四肢笔直地伸向地面，骨骼只会受到来自上方的压缩力，就不容易折断（不过，哺乳动物的四肢摆动时，仍会产生弯曲力）。

四肢垂直向下伸，关节会被拉长。四肢就像棍子，如果使靠近躯干的关节转动，腿就会像摆锤一样摆动。根据杠杆原理，腿越长，步幅就越大，动物走得就越快。马的祖先只有狗那么大，但在演化过程中，马的腿越来越长，跑得越来越快。

终于，轮到靠两条腿站立的动物登场了，这样的动物包括恐龙、鸟类、袋鼠和人类。哺乳动物如果像两栖动物和爬行动物那样，在行走时靠3条腿支撑躯干，那么它们的身体会很稳定。但动物如果只靠两条腿行走，就有跌倒的危险。因为站起来后重心的位置变高了，所以动物更不稳定，很容易跌倒。跌倒的话，上半身下落的距离大，这极易造成损伤。而我们人类正是用这种容易跌倒的方式行走的。

人类在跌倒中前行

在了解人类的行走方式之前，我们先来看看日本武士的行走方式。日本武士采用难波步行走（这是日本古代武术研究者甲野善纪先生的说法，但是并不代表所有的日本武士都会采用难波步行走）。日本武士会滑着行走。他们会先半蹲，以左脚为轴逆时针旋转躯干，然后将右手和右脚一起向前探出。接着，他们右脚踩地，以右脚为轴顺时针旋转躯干，再同时伸出左侧手脚。在行走的过程中，不仅四肢会活动，躯干也会旋转。就躯干和四肢一起活动这一点来看，这种行走方式与两栖动物和爬行动物的行走方式一样。这种顺拐的行走方式使得脚总是稳稳地踩在地面上，重心的高度不会变化。此外，腰部和肩部向同一方向旋转，腰部和肩部之间不产生扭曲力。所以，日本武士即使遭到偷袭，也可以凭借有利的姿势在拔出刀的同时转动身体，不管敌人在哪里，都可以迅速出击。不过，采用这种方式行走的人需要经常屈膝，这种姿势应该是不舒服的。

与此相对，普通人走路时一般膝盖不弯曲。左脚直直伸出，踩地，向后蹬，然后右脚向前伸。这时重心的位置会升高。接着左脚踩地向后蹬，身体稍微前倾，然后右脚向前迈。右脚落地时，重心的位置会下降。如果不伸出右脚，身体就会向前倒。也就是说，人类移动时，身体会向前倾斜，在危急时刻，右脚伸出以支撑身体。左右脚交替向前迈。采用这种方式行走要轻松得多，消耗的能量较少，原因有 3 个。

无须屈膝，腿伸直即可。因为膝盖不需要弯曲，所以重力会垂直施加在膝关节上，腿骨会提供支撑力。但是，如果我们像日本武士那样采用难波步屈膝行走，弯曲的膝关节就会承受重力。为了对抗重力，膝盖处的肌肉就必须收缩发力，这需要消耗更多的能量。如果膝关节伸直，人类就能节省这部分能量。

利用重力。行走时，身体会向前倾，倾斜身体就是在利用重力。我们可以将前倾的身体看作倒置的摆锤。倒置的摆锤是摆锤被一根棍子支撑着，如果棍子稍微向前倾，以棍子的基部为支点，上面的锤就会向前倾。也就是说，摆锤会向前摆，而推动它向前摆的就是重力。这里，摆锤下落的动能转化成了前进的动能。人类行走的时候，先以左脚为轴，身体向前倾，在失去平衡前，右脚着地；然后再以右脚为轴，身体向前倾，在失去平衡前，左脚着地……只有交替向前迈脚时需要消耗能量，身体向前倾时利用的是重力，不消耗能量。

利用跟腱的弹性。跟腱能够减少交替向前迈脚所需的能量。脚着地时，脚踝处的跟腱被拉伸。跟腱具有弹性，脚蹬地时，跟腱恢复原来的长度，把重心推回原来的位置。利用跟腱的弹性，人类可以轻松地行走、跑跳。

人类之所以采用这样的行走方式，是因为人类用两条腿站立，重心高且不稳定。直立行走给人类带来了很多麻烦。动物在移动时重力是累赘，但我们人类却利用重力和重心的不稳定性提高了行走的效率。

获取和消化食物

陆地上的食物很难获取。陆地上最成功的生物是昆虫和植物，因为它们都有坚硬的外壳。在陆地上生活的动物无论如何都需要外出觅食。动物如果在水中生活，只要占据有利位置，有机物颗粒和浮游生物就会漂过来。

植物很难"对付"

植物细胞有细胞壁，细胞壁的主要成分是纤维素和木质素，动物没有消化它们的酶。因此，动物如果想吃植物细胞里的东西，就必须用物理手段破坏细胞壁，取出里面的东西。细胞很小，很难被物理手段破坏（同样厚度的板子，面积越大越容易弯折）。所以，对在陆地上生活的动物来说，植物很难"对付"。

以树叶和草为食很不容易，因此也有喜欢吃新芽（细胞壁还未变硬）以及种子（虽然种子被坚硬的外壳包裹着，但是只要破坏外壳，动物就能获得大量的营养）的动物。和种子一样，含有大量营养的块根也是不错的食物。块根因为在地下，既不需要在风中保持姿势，也不需要防止干燥，而且地下比较安全，块根不需要强大的防御装置，所以块根的细胞壁薄而软，是很好的食物。另外，树液也是很好的食物。蚜具有注射器状的口器，可以吸食树液。树液是韧皮部（内部有运输营养的筛管）中流动的液体，蚜像用吸管喝饮料一样吸食树液（蚜的近亲猎蝽会吸食动物的血液）。

从植物那里获取的食物中，也有不用费力消化的。被子植物会提供花蜜和果实。被子植物通过昆虫输送花粉来授粉，并将花蜜作为回礼送给昆虫。被子植物还会为鸟类和哺乳动物提供果实。鸟类和哺乳动物如果咬碎果实，果实里面的种子就会掉出来；果实如果被整个吞下，就会被带走并随粪便散落到各处。鸟类一般以肉、谷物、果实为食，不以叶片为食，这也是理所当然的。如果鸟类以叶片为食，由于叶片含有大量不易消化的成分，所以它们不得不大量进食叶片，那么它们的体重就会增加，这不利于飞行。

两栖动物以昆虫为食。早期的爬行动物也是肉食性动物。那么，一直坚持食用坚硬且难以消化的叶片和草的四足动物有哪些呢？它们都是些体形硕大的动物。哺乳动物的祖先体形较小，以昆虫为食。之后，以叶子和草为食的动物才出现。也出现了像牛这样有"微生物培养槽"之称和发达的胃的反刍动物，反刍动物利用微生物消化植物细胞的细胞壁。爬行动物中也有以植物为食的，比如植食性恐龙。鸟类中的鸭子和天鹅会吃水草。水草不需要支撑身体，所以并不是很硬，但鸭子和天鹅都是鸟类中的"大块头"。最大的鸟类——鸵鸟会吃草，它们的肠道内有微生物。当然，无论是植食性恐龙还是反刍哺乳动物，它们的体形都相当大。如果体形不够大，就不会有大的消化器官，就很难消化植物。

在陆地上有必要改变食性

因为陆地上的食物很坚硬，所以需要强大的"粉碎装置"：作为物理"粉碎装置"的牙齿和颌骨、作为化学"粉碎装置"的胃和肠道。我们先从口——食物的入口开始了解。

脊椎动物的前端是头，头有口、感觉器官（眼、鼻等）、脑等重要的结构。脑和感觉器官都非常敏感，因此，脊椎动物将它们"放入"骨质箱子（即头骨）中加以保护。头骨与身体中心部位的骨骼不同，是皮肤骨骼（第132页）。头骨分两部分，上面是保护大脑和感觉器官的部分，被称为脑颅；下面还有由颌骨与颌骨上附着的肌肉构成的框架，被称为面颅。

在脊索动物门中，头索动物和尾索动物都没有头骨。动物演化到脊椎动物阶段后才出现头骨，但早期脊椎动物的头骨中没有颌骨。早期的脊椎动物（无颌类）是吸食海底沉积物的滤食者，即使没有颌骨也没有问题。很多研究者认为，颌骨是由鳃弓骨骼（支撑鳃的弓状软骨或硬骨）演化而来的。

颌骨上的牙齿与颌骨同时出现。牙齿应该是由口腔周围的膜质骨演化而成的。牙齿的主要组成成分是釉质和象牙质，软骨鱼类特有的楯鳞也是如此，所以可以认为牙齿起源于楯鳞。具备牙齿的颌骨为动物成为捕食者开辟了道路——脊椎动物上陆后，可以咬碎植物这一极其强悍的对手。

颌骨与牙齿

鱼类最初的颌骨就像剪刀一样只是简单地开闭，上面长着圆锥形的牙齿。人类的门牙与槽牙的形状和作用不一样，但鱼类的牙齿没有区别。水中的食物都很软，所以没有必要让牙齿在形状和作用上有区别。

早期的四足动物的颌骨和牙齿都很简单，只能撕咬食物，不能磨碎食物。两栖动物是肉食性动物，它们不吃植物那样坚硬的食物。现存的青蛙只有上颌有牙齿，而蟾蜍则完全没有牙齿。

动物演化到爬行动物阶段时，强有力的颌骨出现了。额骨、颞骨和顶骨上广泛分布着收拢颌骨的肌肉——颞肌，颌骨收拢时颞肌收缩并向侧面膨胀。如果颞肌特别发达，颞肌收缩膨胀时就会进入颌骨中央空间。因此，为了使膨胀的部分向外突出，动物的头骨两侧开了孔，这个孔叫作颞窝。每个侧面只开一个孔的动物是单颞窝类，开两个孔的动物是双颞窝类（图7-5）。爬行动物和鸟类是双颞窝类，哺乳动物由单颞窝类演化而来。

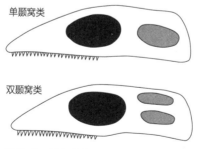

图7-5　单颞窝类和双颞窝类的头骨侧面
灰色部分为颞窝，黑色部分为眼窝。

爬行动物的牙齿。 无论是爬行动物还是鱼类、两栖动物，它们的牙齿都是圆锥形的。圆锥形的尖齿就像尖矛，异常锋利，可以咬伤猎物，也可以固定住猎物，但不能磨碎食物。两栖动物和爬行动物都有大嘴。也就是说，它们有着长长的颌骨，颌骨上面长着很多牙齿。用大嘴咬住猎物并紧紧地衔在嘴里，等猎物不动了再将其整个吞下，是两栖动物和爬行动物一般的进食方法。

但也不是所有爬行动物都有圆锥形的牙齿，身为爬行动物的恐龙中也出现了植食性恐龙。植食性恐龙牙齿扁平，它们用扁平的牙齿磨碎坚硬的植物。

鸟类的喙。 鸟类没有牙齿，取代牙齿的是喙。喙由皮肤细胞分泌的角蛋白沉积而成（角蛋白也是我们指甲的主要成分）。鸟类只能用喙来啄食物，几乎不能用喙来咬碎食物。鸟类没有牙齿，也没有支撑牙齿的长颌骨，这大概是为了尽量减少身体的重量，更轻松地飞翔吧。鸟类会把食物整个吞下，先将食物暂时储存在食管中间的嗉囊里，然后再将食物送到胃里。鸟类的胃由前后两部分组成，前胃利用消化液对食物进行处理，后胃则利用肌胃磨碎食物。肌胃是具有很厚的肌肉壁的胃，也被称为砂囊——因囊内贮有用来增强磨碎效果的沙子和小石子而得名（有些爬行动物也有砂囊）。比起肉食性动物，以果实和谷壳为食的植食性动物的肌胃更发达。

哺乳动物的牙齿。 哺乳动物牙齿的数量比爬行动物的少，但哺乳动物分化出了4种形状的牙齿，从前到后分别是切齿（门齿）、犬齿、前臼齿（小臼齿）、后臼齿（大臼齿）。切齿呈圆锥形或薄而扁平，这种形状有利于切断食物。犬齿呈尖尖的圆锥形，用来攻击猎物。为了刺穿并咬住猎物，犬齿很长且牙根很深，因此犬齿很牢固，不容易损坏。后臼齿表面扁平但有一些"山丘"，起研磨食物的作用。上颌臼齿的"山丘"和下颌臼齿的"山丘"咬合在一起，相互摩擦，将夹在中间的食物磨碎。

哺乳动物的颌骨也有了一些变化。例如，像牛一样专门吃草的动物的颌骨关节变得很松散，它们的颌骨不仅可以像剪刀一样开合，还可以前后左右移动，这样多方向地移动颌骨有助于增强食物磨碎的效果。

舌头的作用

在陆地上，舌头也变得重要起来。鱼类也有舌头，但不发达。将食物送到嘴里的过程与舌头的发达程度有密切关系。

在水中，食物处于漂浮状态（即使是生长在海底岩石上，藻类也是漂浮在水中的，这一点不会改变）。动物张开嘴时，口腔内会形成负压，水就会被吸入嘴里，漂浮在水中的食物会随水进入嘴里。所以，在水中生活的动物只要张嘴就可以吃饱。水中的食物不会很硬，动物只要随便嚼一嚼，然后咕咚咽下食物即可。

但是在陆地上，动物如果只是张开嘴，食物不会主动进入嘴里。而且入口的食物必须被反复咀嚼。如果动物在咀嚼的时候张嘴，食物就容易掉落在地上。即使动物在咀嚼的时候闭上嘴，由于口腔内充满食物，食物碎屑也很容易被挤到外面。因此，为了使食物不被挤出来，舌头发挥了作用。

在磨碎食物的过程中舌头也很活跃。磨碎食物的是臼齿，但只有食物到了牙齿之间才能被磨碎。在水中，食物是漂浮的，只要动物稍微活动一下，食物就会移动到牙齿之间。但在陆地上就行不通了，因此，动物就需要用舌头将食物送到臼齿之间。你可以想象一下打年糕，人们用杵臼把蒸熟的糯米捣碎，在这个过程中需要有人用手把还没捣碎的米揉成一团，再推到杵臼的下面。手的作用与舌头的一样。此外，磨碎后的细小食物也无法自己进入食管，还需要由舌头运输到食管内（在水中，食物则是漂浮的，如同汤料丰富的汤汁一般，动物只需抬起头将食物咽下去就可以了）。而舌头呈扁平状，如同扁平的饭勺，可以将食物舀起来运送至口腔各处。

四足动物的舌头很发达，人类甚至能用舌头来谈情说爱。也正是因为我们是生活在陆地上的动物，才能如此熟练地操控舌头。

消化管的分化

四足动物的消化管前后有两个膨大的结构。前面的是储存食物的胃，后面的是储存粪便的大肠，两个膨大的结构之间蠕动的长管是消化管的主体（即小肠，图7-6）。

图7-6　脊椎动物的消化管

通常认为，作为脊椎动物祖先的无颌类的消化系统没有膨大的结构，因为它们是滤食者，证据是文昌鱼（一种头索动物）就没有胃。在滤食的过程中，因为食物会不断流动，所以无颌类没有储存食物的必要。胃在开始消化食物前，也会先把大块的食物处理成容易消化的小块食物，但是对滤食者来说，因为食物已经很小、很软了，所以没有必要用物理手段粉碎食物。在现存的无颌类中，七鳃鳗虽然不是滤食者，但也没有胃。因为七鳃鳗靠吸其他鱼的体液生存，所以也不需要胃。

胃被认为是在有颌鱼类出现后才登场。由于有了偶尔捕捉大的食物并吞咽的习惯，所以吞下的食物需要在开始消化之前储存起来并进行一定的处理，于是，消化管前部膨大形成了胃。起初胃的功能仍以粉碎食物为主，后来演化出了可以分泌蛋白质分解酶的胃。胃还会分泌胃液，使胃内形成强酸环境。胃液对食物有杀菌效果，食物还会因胃液而变细、变脆。

有颌鱼类只有消化管前部膨大形成了胃，消化管后部依旧是粗细相同的管。动物演化到四足动物阶段后，肠道才分化为弯曲细长的小肠和膨胀的大肠。

我在前面已经多次提到，陆地上的食物很难"对付"，消化这些食物需要很长的肠道。特别是叶片很难消化，吃叶片的动物都有极长的肠道。表7-1呈现了动物肠道的长度与体长的倍数关系。我们可以发现，鱼类的肠道较短，长度与体长相近。这反映了水中的食物容易处理。肉食性四足动物肠道的长度是体长的数倍，植食性四足动物肠道的长度是体长的十几倍。牛的肠道长度甚至是体长的近30倍，有60米长。杂食性动物肠道的长度与体长的倍数介于植食性动物和肉食性动物之间。

四足动物出现了大肠，因为在陆地上需要储存排泄物。在水中，排泄物一旦产生就可以直接被排出，被水冲走。在陆地上情况就不一样了。动物如果随时随地排泄，就有被捕食者跟踪的危险，所以只能将排泄物集中丢弃。另外，因为水对动物来说很珍贵，因此动物要尽可能地回收排泄物中的水分。动物先将在大肠中存储的排泄物中的水分吸收，再将

表 7-1　动物肠道的长度与体长的倍数关系

肉食性动物		植食性动物	
梭子鱼	1 倍	马	12 倍
蛙	2 倍	牛	22 ~ 29 倍
蝾螈	2 倍	杂食性动物	
猫	3 ~ 4 倍	人类	4.5 倍
		家鼠	8 倍

排泄物制成粪便排泄出去。而且，因为没有消化完的食物白白排泄出去太可惜了，所以动物会利用大肠里的微生物继续消化自身无法分解的食物，作为营养的补充。因此，粪便上会附着微生物，排出的粪便中有相当一部分是活的微生物和其尸体。下面的专栏总结了消化管各部位的作用。

消化管各部位的作用

食管：连接口腔和胃。

胃：储存食物、预处理食物、杀菌。

小肠：消化食物并吸收营养，是消化管的主体。

大肠：形成和暂时储存粪便，是微生物的"发酵槽"。

在微生物的作用下消化

动物的肠道中生活着大量微生物，动物通过微生物的发酵作用分解自身不能分解的纤维素等，并利用其分解后的产物（发酵是指在微生物的作用下制造有用的物质）。虽然鱼类的肠道中也有肠道细菌，但与鱼类相比，四足动物，特别是植食性哺乳动物尤其依赖肠道细菌。人类的肠道内生活着100种以上约100兆个数量级的细菌，据说其重量达到1.5 ~ 2千克。食草动物的肠道细菌种类更多。

为了让微生物生存，肠道的一部分形成了特别的"发酵槽"。例如马、兔子、老鼠等将大肠的一部分肥大化作为发酵槽（兔子和老鼠肥大化的部分是盲肠，马肥大化的部分是结肠）使用。老鼠胃的前部膨大，这里是肠道细菌的生存场所。

利用微生物制造产物的方法多种多样。例如，老鼠和兔子有食用粪便的行为。老鼠有两种粪便，一种是我们熟悉的又硬又黑的粪便，这是通常会被丢弃的粪便；另一种是质地较软、颜色较浅的大粪便，这种粪便从肛门排出后，老鼠会用嘴舔食。虽说是粪便，但在微生物的作用下，蛋白质含量很高，是肠道的内容物。如果不食用粪便，那么老鼠的生长率就会降低15% ~ 20%，还会导致体内维生素不足。微生物可以制造和提供维生素。

反刍

最大限度地利用共生微生物的是反刍动物。它们拥有发达的"发酵槽"——反刍胃。反刍亚目的代表是牛科动物，牛科动物包括牛、山羊、绵羊等家畜，群居在非洲草原上的非洲大羚羊、角马，以及美洲和欧洲大陆上的大型野牛等。鹿科和长颈鹿科也属于反刍亚目。

中生代末期恐龙灭绝，从新生代开始进入哺乳动物时代。第三纪（距今6500万年 ~ 距今260万年）后半期气候逐渐变冷、空气变得干燥，从而引发了温带地区森林减少，草原面积增大。牛科动物为了适应草原上的生活而演化。牛科动物的祖先生活在森林里，专吃柔软的叶片和树芽。但它们并非因为森林的减少而来到草原，而是主动向草原进军，变成了不管软硬，只要是草就统统吃掉的动物。要想消化坚硬的草，就需要又长又大的消化管，因此以牛为代表的植食性动物都是大型兽类。

植物细胞壁的主要成分是纤维素，它是一种多糖，由 β - 葡萄糖聚合而成。由 α - 葡萄糖聚合而成的就是淀粉。由此可以想象，纤维素分解后，与淀粉一样可以产生大量的能量。但是，纤维素即使使用各种化学方法处理，也很难被分解。几乎没有动物能够自己合成分解纤维素的纤维素酶。不过，由于细菌和原生生物体内存在纤维素酶，反刍动物采取的策略是依靠微生物分解纤维素。

反刍动物演化出了适合共生微生物消化纤维素的"发酵槽"，即反刍胃。下面以牛为例介绍反刍胃。牛的胃有 4 个胃室（图 7-7），我们通常说的能分泌胃液和消化酶的是第四胃。第一胃是主要的"发酵槽"，其中每克胃内容物中，约有 100 亿个细菌和 50 万～ 100 万个原生生物（单细胞生物，主要是纤毛虫）。在它们的帮助下，消化到一定程度的食物会被返回口腔，再次进行咀嚼，这个过程就是反刍。经过重新咀嚼变得细小，微生物附着面积增加的食物又被放回"发酵槽"，继续发酵。最终食物中含有的碳水化合物（纤维素、半纤维素、淀粉等）全部被分解，生

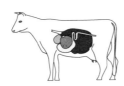

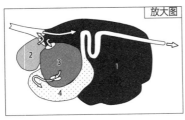

图 7-7　牛的反刍胃

第一胃（1）是主要的"发酵槽"。

第四胃（4）是真正的胃，与肠相连。

成短链的有机酸（醋酸、丙酸、丁酸）。牛吸收这些有机酸作为能量，且能量的 70% 都来自有机酸。

在牛的肠道内，每天重复着消化分解饲料并合成自身生长所需蛋白质的过程，在这个过程中会产生氨和尿素。一般来说，动物会将这些物质随尿液排出体外，但牛会将这些物质送到唾液腺，这些物质随唾液分泌一起进入第一胃。微生物利用氨和尿素合成蛋白质。还有一些微生物被送到第四胃，在那里被消化，通过吃微生物，每头牛每天可以获得 150 克蛋白质。也就是说，氮元素在牛的体内被循环利用。植物含有大量纤维素（即碳水化合物），但含有较少的氮元素，因此只吃植物的植食性动物很容易缺乏氮元素，循环利用氮元素对这类动物来说非常重要。微生物还会制造 B 族维生素，而 B 族维生素也会被牛利用。

体形大的优势

可以说，四足动物是因为体形大才能在陆地上生存的。四足动物之所以拥有巨大的"发酵槽"，也是因为它们体形大。嘴大就可以把比自己小得多的食物整个吞下，坚硬的植物可以依靠巨大的胃肠道消化。体形大，相对表面积就小，身体不容易干燥，而且体形足够大的动物还可以在体内培育子代。

恒温动物的出现与体形大也有一定的关系。恒温动物体形大，相对表面积小，身体不仅不容易干燥，热量也不容易进出。而且因为体形大，恒温动物可以长出长毛来隔热（体形小的动物如果体表有长毛，就容易被毛缠住而动弹不得）。我们人类之所以拥有发达的脑，也是因为体形大。陆地上最成功的两大动物类群，一个是体形小的昆虫，另一个就是体形大的四足动物。